Ullstein Sachbuch

DAS BUCH:

Die Industrieländer produzieren durch ihren ungeheueren Energieverbrauch seit 1800 eine globale Umweltzerstörung. Die Bereiche Landwirtschaft, privater Haushalt, Städte und Industrie erreichen im Energieverbrauch einen Wirkungsgrad, der teilweise unter 5% der eingesetzten Primärenergie liegt. Der weltweite Einsatz von fossiler, nicht regenerierbarer Energie führt zu einer Erschöpfung der Ressourcen und zerstört unsere Lebensgrundlagen.
Ausgehend von der Geschichte des Energieverbrauchs, analysiert Rieseberg die Ursachen der gegenwärtigen Umweltzerstörung. Er kommt zu dem Resultat, daß wir unseren Energieverbrauch radikal senken und uns an den Lebens- und Produktionsformen unserer Vorfahren orientieren müssen – wollen wir noch ein Chance haben zu überleben.

DER AUTOR:

Hans Joachim Rieseberg, geboren 1941 in Düsseldorf, studierte Mathematik und Physik in Köln, Architektur in Berlin; 1972 Diplom in Berlin; ab 1972 Mitglied des zentralen Planungsstabes der Technischen Universität Berlin; beschäftigt sich seitdem mit Umwelt- und Energiefragen; 1975 Auseinandersetzungen mit Kraftwerks- und Energieplanungen in Berlin-West und der Bundesrepublik. Rieseberg setzt sich seit dieser Zeit für eine radikale Senkung des Energieverbrauchs ein.

Hans Joachim
Rieseberg

Verbrauchte Welt

Die Geschichte der
Naturzerstörung und
Thesen zur Befreiung vom
Fortschritt

Ullstein Sachbuch

Ullstein Sachbuch
Ullstein Buch Nr. 34478
im Verlag Ullstein GmbH,
Frankfurt/M – Berlin

Originalausgabe

Umschlagentwurf:
Hansbernd Lindemann
Unter Verwendung eines Fotos
von Art & Co.

Mit freundlicher Genehmigung des
Argon Verlags/Verlagsgruppe
Tagesspiegel, Berlin

Printed in Germany 1991
Gesamtherstellung:
Ebner Ulm
ISBN 3 548 34478 X

3. Auflage Februar 1991

CIP-Titelaufnahme
der Deutschen Bibliothek

Rieseberg, Hans Joachim:
Verbrauchte Welt: d. Geschichte d.
Naturzerstörung u. Thesen zur Befreiung
vom Fortschritt / Hans Joachim
Rieseberg. – Orig.-Ausg.FINIS., 3. Aufl. –
Frankfurt/M; Berlin: Ullstein, 1991
(Ullstein-Buch; Nr. 34478:
Ullstein-Sachbuch)
ISBN 3-548-34478-X
NE: GT

INHALT

Vorwort 7

Hat die Menschheit noch eine Zukunft? 11

Bodenschätze sind keine Energiereserven 19

Vom Sammler und Jäger zum Ackerbauern 26

Die Umweltzerstörung in der Antike 41

Vom indianischen Sammler und Jäger zur Agrarfabrik 51

Die Dampfmaschine – Sackgasse der Technik 63

Elektrizität – die Macht der Monopole 73

Kernenergie – der Anfang vom Ende 81

Die »elektrische Aufrüstung« des Haushalts oder
»Wohin mit dem Überschuß?« 90

»Stadtkultur« und Energieverbrauch 98

Die globalen Umweltprobleme werden ignoriert 105

Alternativen 130

Rückbesinnung oder Untergang 137

Anmerkungen 144

Literaturverzeichnis 145

Für meinen Sohn Philip
und meine Tochter Sarah

Vorwort

Das Thema Umwelt ist kein ausschließlich naturwissenschaftliches Thema, da es das Problem des Verhältnisses zwischen Mensch und Natur mit einschließt. Mit den Mitteln der Wissenschaft ist dieses Problem in seiner Komplexität nicht zu fassen: Fragen der Lebensqualität, Werturteile, ethische Probleme, Fragen, die Leben und Tod, Schönheit, Empfindungen etc. betreffen, sind nicht systematisierbar im streng wissenschaftlichen Sinne.

Ausgangspunkte meiner Überlegungen waren Untersuchungen und Recherchen zu verschiedenen Umweltproblemen, insbesondere im Bereich der Stadtplanung, und Studien zur Entwicklung der modernen Zivilisation. Ein weiterer Anlaß zur Entstehung dieses Buches war ein von mir ausgearbeitetes Konzept für eine Wissenschaftsausstellung zur 750-Jahr-Feier der Stadt Berlin. Das für einen Teilbereich der Ausstellung vorgesehene Konzept wurde jedoch als zu »kritisch« abgelehnt. Es stellte die Funktion der Wissenschaft für den Fortbestand des Lebens auf der Erde grundsätzlich in Frage. Und dieser Gedanke ist den Politikern unserer Generation schlicht unerträglich. Er paßt nicht in das Bild unserer heilen Gesellschaft, die scheinbar auf dem besten Weg ist, den Menschen das beste Leben zu garantieren, das sie je geführt haben, die grundsätzlich glaubt, alles in den Griff zu bekommen, was uns jetzt oder künftig bedrängt.

Das Ausstellungkonzept wurde abgelehnt – die Wissenschaftsausstellung wurde eine brave Dokumentation, die von großen Männern berichtete, die in Berlin große Taten vollbracht haben.

Während der Vorbereitung und Durchführung der Ausstellung ereignete sich der Unfall von Tschernobyl, der Rhein wurde für voraussichtlich mehrere Jahre vergiftet, das Ozonloch weitete sich immer mehr aus, der Wasserspiegel der Weltmeere stieg, am Nordpol brach ein riesiger Eisberg ab, die Nordsee verwandelte sich in eine stinkende Kloake, und – bedingt durch den Massentourismus – gleichen die Alpen mehr und mehr einem mediterranen Karstgebirge. In Südamerika und in Afrika werden die Regenwälder weiter abgeholzt, und in der Sahelzone verhungern Millionen von Menschen.

Die Wissenschaftler gehen all diesen Problemen und Katastrophen nach: Sie erstellen Studien, sie versuchen, die Ursachen zu ergründen, sie schaffen Politikern, Industriellen und den Verbrauchern Alibis, damit man den Ausverkauf dieser Welt und ihrer Ressourcen guten Gewissens vorantreiben kann.

Ein guter Freund fand schließlich das Manuskript für die Ausstellung auf meinem Schreibtisch und ermunterte mich, eine Zeitungsserie daraus zu machen. Ahnend, was auf mich zukommen würde, war ich von dieser Idee zunächst nicht sonderlich begeistert. Ich wußte, daß ich mit den üblichen Anfeindungen zu rechnen hatte, die einem »Untergangspropheten« nun mal entgegenschlagen – inklusive der Forderung nach Patentrezepten, mit deren Hilfe möglichst sämtliche Probleme dieser Welt auf einmal gelöst werden könnten.

Während des Erscheinens der Zeitungsserie wurden meine Ahnungen wahr. Man hackte auf einigen Fehlern herum, die sich in meinen Texten fanden, wodurch allerdings meine grundsätzlichen Aussagen nicht in Frage gestellt wurden. Doch aufgrund der Fehler konnte man den Autor wieder einmal so herrlich diffamieren. Dabei betrügen sich die Kritikaster letztlich selbst, denn die Folgen der Probleme, die ich aufzeige, werden alle zu spüren bekommen, auch diejenigen, die mir da und dort einen Fehler nachweisen und glauben, dadurch das Gesamtproblem verdrängen zu können.

Nach Erscheinen der Zeitungsserie verebbten die Angriffe gegen mich, und das Bewußtsein gegenüber Umweltproblemen schien sichtlich gewachsen zu sein. Inzwischen fragen mich immer mehr Menschen nach der Zukunft unserer Zivilisation, nach unseren Überlebenschancen.

Zwischen dem Abschluß der Serie und dem Erscheinen dieses Buches habe ich kontinuierlich – die verschiedensten Aspekte berücksichtigend – an diesem Thema weitergearbeitet, mit dem Ergebnis, daß meine Bedenken in bezug auf das Überleben der Menschheit nicht kleiner, sondern größer geworden sind. Meine Zweifel daran, ob die Systeme in Ost und West reformfähig und verbesserungswürdig sind, sind gewachsen. Meine Hoffnung, daß wir noch eine Chance haben, wird immer kleiner. Dennoch bin ich der Meinung, daß wir noch nicht kapitulieren müssen, denn wenn wir nur entsprechend unseren Hoffnungen, unseren Ängsten oder unseren wissenschaftlichen Erkenntnissen handeln, werden wir bald überhaupt nicht mehr handlungsfähig sein.

Ich gelte seit dem Erscheinen der Zeitungsserie bei vielen Menschen als unverbesserlicher Pessimist. Ich selbst sehe dies anders: Ich habe eine realistische Sicht der Umweltprobleme. Indem ich darüber spreche und schreibe, demonstriere ich zugleich, daß ich eine Änderung unseres Verhaltens noch für möglich halte, das heißt, ich bin Optimist, andernfalls hätte ich vermutlich resigniert wie viele andere und mich in das »Konsumdasein« zurückgezogen. Nur eines will ich deutlich sagen: Mit kleinen Reformen, halbherzigen Gesetzen, ein bißchen Umweltschutz und etwas weniger Wirtschaftswachstum ist die menschliche Existenz auf dieser Erde nicht zu retten. Entweder schaffen wir es, in den nächsten 30 Jahren unsere Zivilisation radikal zu verändern, oder wir werden gemeinsam untergehen.

Im Unterschied zu den Umweltkatastrophen der Antike, die ebenfalls auf menschliches Handeln zurückzuführen sind, handelt es sich diesmal um eine globale Umweltkatastrophe, aus der es kein Entrinnen mehr geben wird. Je länger wir diese Erkenntis vor uns herschieben, vertagen und mit irrationalen Hoffnungen und kindlichem Glauben verdrängen, um so weniger Chancen haben wir, etwas zu verändern. Ab einem bestimmten Zeitpunkt sind globale Abläufe irreversibel, irreversibel für die Geschichte der Menschheit, wenn auch vermutlich nicht für die Geschichte der Erde.

In diesen Tagen traf ich einen Unternehmer, der umfangreiche Geschäfte tätigt. Er erzählte mir, er handle mit allem – außer mit Waffen und Drogen; die seien »out«, weil sie die Erde und die Menschheit zerstörten.

Ich bin der Ansicht, die Waffen und Drogen von heute sind die Konsumartikel: Das Auto ist eine Waffe, das Verpackungsmaterial aus Kunststoff, das Flugzeug, die Cola-Dose, die Pflanzenschutzmittel und die künstlichen Düngemittel. Kurz: Die meisten Produkte unseres heutigen Konsums sind Waffen, weil wir sie gegen die Natur und damit letztlich gegen uns selbst richten. Mit diesen Waffen zerstören wir unsere Lebensgrundlagen: das Wasser, die Luft, den Boden, die Wälder. Wir bereiten einen globalen »Holocaust« vor, und unsere Zeitgenossen drücken sich vor dieser Erkenntnis.

Unsere Kinder werden eines nicht allzu fernen Tages vor uns stehen und fragen: »Habt ihr davon nichts gewußt? Konntet ihr das nicht voraussehen?« und wir werden antworten: »Das konnte man doch nicht ahnen, geschweige denn wissen. So pessimistisch haben wir die Situation nicht eingeschätzt. Wir dachten, das sei alles nicht so schlimm. Die Mahnenden standen ja in einem anderen Lager und wurden verdächtigt, den ›Staatssturz‹ zu planen.« Unsere Kinder werden uns zu Recht die Schuld an dem Desaster zuweisen, keinerlei Ausflüchte gelten lassen.

In diesem Sinne verstehe ich das vorliegende Buch auch nicht als Entschuldigung, sondern als mögliche Handlungsanleitung, als Warnung und als Hoffnungszeichen. Die Schuld an der Umweltzerstörung, die durch unser Verhalten, unsere Aktivität täglich größer wird – dies betrifft Politiker, Industrielle, Wissenschaftler und den ganz normalen Verbraucher – können wir nur abtragen, indem wir unser Verhalten ändern. Wir müssen lernen zu verzichten, Konsum zu verweigern, Widerstand zu leisten, politisch aktiv zu werden – kurz gesagt: unser Leben radikal zu ändern.

Berlin, im Dezember 1987 Hans Joachim Rieseberg

Hat die Menschheit noch eine Zukunft?

1990 hatten die Vereinten Nationen die Ständige Konferenz zur Rettung der Wälder gegründet. In ihrem Jahresbericht von 1995 wurde gemeldet, daß die inzwischen von allen Mitglieder-Nationen ratifizierten Abkommen noch Hoffnung auf Rettung der Restbestände des Waldes in Europa, Afrika und Südamerika zuließen. Hauptstreitpunkt zwischen den Teilnehmer-Staaten war noch immer die Frage, wer für die ständig zunehmende Vernichtung der Wälder verantwortlich sei.

Die vereinigte Lobby der Weltautomobilindustrie hob in ihrem Konferenzbeitrag noch einmal hervor, daß durch die Verbesserung der Abgasanlagen an den Automobilen der Schadstoffausstoß auf ein Minimum reduziert worden sei. Die Lobby der Energieerzeugungsunternehmen – auf der einen Seite die Kohle-, Öl- und Gaswerksbetreiber und auf der anderen Seite die Lobby der Kernenergie- und Kernfusionserzeuger – betonte noch einmal, daß die Energieerzeuger aufgrund der von ihnen eingeleiteten Maßnahmen an Kraftwerken und der erfolgten Stillegungen der alten Anlagen keine wesentliche Schuld an der rapide zunehmenden Waldvernichtung träfe.

Die Länder der Dritten und Vierten Welt forderten die Industrienationen, die Europäische Gemeinschaft, die USA, die UdSSR und China auf, ihre Industriegüterproduktion radikal zu drosseln, um das besorgniserregende Waldsterben und die damit einhergehenden Luft- und Klimakatastrophen einzudämmen.

Die Industrienationen antworteten mit dem Vorschlag, ein weltweites Programm zur Erforschung der Ursachen der Umweltzerstörung zu entwickeln. Die Konferenz endete mit dem Ergebnis, daß die Forschungsresultate der letzten vier Monate den Schluß zuließen, daß die bisher getroffenen Maßnahmen – obwohl sie halbherzig seien – die Hoffnung zuließen, daß das Waldsterben nicht weiter zunehme.

Der Bericht der Weltkonferenz zur Rettung des Waldes im Jahre 2000 ergab, daß die optimistischen Vorhersagen der Konferenz von 1995 sich bereits nach einem halben Jahr als absolut trügerisch erwiesen hätten. Vielmehr sei festzustellen, daß in ganz Europa nichts mehr vorhanden sei, was auch nur den Namen Wald verdiene. Lediglich in einigen Regionen Irlands fand man noch Reste, die bereits in Hektar und nicht – wie bis dahin üblich – in 10-Hektar-Einheiten gezählt werden konnten. Die tropischen Regenwälder Afrikas und Südamerikas waren auf einen Stand von 10% dessen zurückgegangen, was man noch 1990 bei der damaligen Waldrevision ermittelt hatte.

Die neugegründete Weltkonferenz zur Rettung der Erdatmosphäre und des Erdklimas stellte fest, daß, so wörtlich, »eine enorme Zunahme der Sturmaktivitäten in allen Erdbereichen« festzustellen sei, daß sich die Atemluft radikal verschlechtert habe und daß mindestens bei der Hälfte der Erdbevölkerung akute Erkrankungen der Atmungsorgane zu verzeichnen seien. Da auch mit Sofortmaßnahmen in absehbarer Zeit keine Verbesserung zu erreichen sei, wurde ein Sofortprogramm für künstliche Atmungsgeräte beschlossen. In allen Ländern wurden Atmungszentralen eingerichtet, die die kleinen, transportablen Beatmungsgeräte wiederaufarbeiteten. Die Atmungsgeräte wurden von den stationären Energieanlagen aufgeladen und während ihres Gebrauchs durch die körpereigenen zentralen Energieversorgungssysteme, die inzwischen notwendig waren, mit Strom versorgt. Diese körpereigenen Energieversorgungssysteme betrieben unter anderem – inzwischen Standard gewordene – Herzschrittmacher, künstliche Nieren und weitere Zusatzorgane, ohne die die Menschen schon gar nicht mehr leben konnten.

Weltweit stellte die Weltklimakommission fest, daß die Abschmelzprozesse der Pole sich in den letzten fünf Jahren noch dramatischer entwickelt hätten als in den fünf Jahren zuvor. Dies hatte unter anderem dazu geführt, daß Teile der Küstengebiete Mitteleuropas immer häufiger von Sturmfluten überschwemmt wurden. Obwohl die Deiche an den mitteleuropäischen Küsten in einem riesigen Investitionsprogramm noch einmal um vier Meter erhöht worden waren, konnten diese Maßnahmen die zweimalige jährliche Überschwemmung – ausgelöst durch die großen Nordsüd- und Südnordwinde als Folge globaler Klimaveränderungen – nicht verhindern. Die Ost-West-Windzonen hatten sich immer stärker in Nord-Süd- und Süd-Nord-Windzonen entwickelt. Damit waren sämtliche Schutzmaßnahmen, die bisher gegen die großen Überflutungen getroffen worden waren, wertlos.

Die erneute Diskussion über eine abrupte Drosselung der Industrieproduktion der großen Vier – Vereinigte Staaten von Europa, USA, UdSSR und China – wurde von diesen Ländern gemeinsam mit einem

Programm zur Beeinflussung des Klimas beantwortet. Innerhalb von fünf Jahren sollte eine entscheidende Verbesserung des Weltklimas durch großtechnische Anlagen, die auf der Basis kleinerer, bereits erfolgreich getesteter Bewetterungsmaschinen entwickelt werden sollten, erreicht werden. Diese kleineren Anlagen funktionierten bereits in Teilen der Mittelmeerländer und der Sowjetunion. Die Länder der Dritten und Vierten Welt begegneten diesen Informationen mit großer Skepsis, obwohl gerade sie besonders stark unter der Wetterverschlechterung litten. Sie führten u. a. aus, daß die Bewetterungsmaschinen im kleinen zwar erfolgreich seien, in großtechnischer Ausführung aber eher zur Verschärfung der Situation beitragen könnten. Darüber hinaus sei unklar, woher die enormen Energiemengen kommen sollten, die für den Betrieb notwendig seien.

Im Jahresbericht der Weltkatastrophenorganisation von 2015, dem ersten seit ihrer Gründung im Jahre 2010, wurde eindringlich vor einem weltweiten ›Zusammenbruch‹ des Klimas gewarnt, wenn nicht innerhalb kürzester Zeit, d. h. innerhalb eines Jahres, die folgenden Maßnahmen ergriffen würden: Abbau der Industriekapazitäten, Einschränkung des Energieverbrauchs, radikale Reduzierung der chemischen Produktion, totale Umstellung der Landwirtschaft auf biologisch-ökologische Anbauweise, Einschränkung des Welttourismus für mindestens fünf Jahre, sofortige Abschaltung aller Kernkraftwerke und Lagerung der ionisierend strahlenden Teile in höher gelegenen Regionen sowie Aufstellung eines Umsiedlungsplans. Eine Weltkatastrophe mit mehreren Milliarden Toten sei andernfalls nicht aufzuhalten. Die Pläne wurden an den Ständigen Ausschuß der 350 teilnehmenden Staaten überwiesen. Die großen Industrienationen machten ihre Mitarbeit in diesem Ausschuß von der Bedingung abhängig, daß der Status quo der Industrieproduktion in ihren Ländern nicht gefährdet werden dürfe, weil nur durch einen vermehrten Einsatz von Wissenschaft und Technik die Katastrophe abzuwenden sei.

Im Jahrzehnt zwischen 2015 und 2025 traten zwar einige der befürchteten Überschwemmungskatastrophen, die durch die immer stärker werdende Polabschmelzung ausgelöst wurden, ein. Dennoch glaubte die Menschheit, sie sei noch einmal davongekommen. An allen Küsten wurden die Deiche teilweise um mehrere hundert Kilometer landeinwärts versetzt. Dabei verschwanden die großen Ballungszentren, wie New York, Hamburg, Holland und viele andere Gebiete. Insgesamt schien es aber so, daß unter Wahrung des Gesamtlebensstandards der Industrieländer und bei einer langsam fortschreitenden

Industrialisierung in den Ländern der Dritten und Vierten Welt eine Stabilisierung der Zustände erreichbar sei, zumal inzwischen technische Maßnahmen gegen die zunehmende Luftverschmutzung und die immer stärker werdende ultraviolette Sonneneinstrahlung getroffen worden waren. Die Weltgesundheitsorganisation erließ allgemeine Richtlinien, nach denen alle Menschen gezwungen wurden, die handlichen, computergesteuerten Beatmungsgeräte immer mit sich zu führen.

Zugleich wurden kleine Kunststoffmasken entwickelt, die beim Aufenthalt im Freien generell zu tragen waren, um die ultraviolette Sonneneinstrahlung, die sowieso nur noch den Kopf bestrahlte, abzuschirmen, denn in die Kleidungsstücke waren inzwischen aufgedampfte Metallfäden eingearbeitet, die die Strahlung weitgehend reflektierten. Der Aufenthalt im Freien, d. h. Sonnenbaden, war bereits zu einem Mythos geworden. Die Trinkwasserversorgung, die durch die Teilüberflutungen der Küstenbereiche vor allem in Mitteleuropa zunächst große Probleme aufwarf, war durch eine große zentrale Ringleitung durch alle europäischen Länder gewährleistet. In Nordafrika war ein zentraler, überdachter Trinkwasserspeicher angelegt worden. Die Wasseranreicherungsanlagen verbrauchten zwar sehr viel Energie; dies Problem konnte jedoch dadurch gelöst werden, daß im Jahre 2025 der große zentraleuropäische Kernfusionsreaktor auf den inzwischen menschenleeren Hochebenen Spaniens in Betrieb genommen wurde. Mit einer Leistung von 100 000 Megawatt war er das größte Kraftwerk, das je von Menschenhand gebaut worden war. Um die Betriebsenergie zu erzeugen, die benötigt wurde, um den Fusionsprozeß in Gang zu bringen, war vor den Reaktor ein konventionelles Kernkraftwerk mit 1500 Megawatt geschaltet – obwohl Wissenschaftler des Weltenergieforschungsinstituts in Berlin immer wieder warnend darauf hingewiesen hatten, daß die Zusammenfassung dieser Anlage an einem zentralen Punkt und ihre Koppelung mit den Wasseraufbereitungsanlagen in den Alpen einmal zu einem sogenannten GWU (Größter Weltunfall) führen könne.

Über besagte Studie, die ca. 10 000 Seiten umfaßte, stritten sich mehrere Jahre verschiedene Expertengruppen. Sie kamen im Jahre 2035 zu dem Ergebnis, daß die gesamte Betriebsanlage absolut störunanfällig und »katastrophenfähig« sei.

In den Jahren 2035 bis 2045 schien sich trotz der schwierigen Ernährungssituation in weiten Teilen Afrikas und Asiens die Weltkonjunktur erneut zu erholen. Der Lebensstandard stieg zwar noch einmal, die traditionellen Schuldnerländer der Dritten und Vierten Welt konnten zwar durch Umschuldungsaktionen ihre Probleme noch einmal vertagen. Dennoch legte die Weltenergieforschungseinrichtung in Berlin erneut eine Studie vor, in der sie auf eine drohende Gesamtkatastrophe hinwies und dezentrale Energieversorgungsstrukturen sowie den radikalen Abbau des Energieverbrauchs forderte, um den immer weiter fortschreitenden Treibhauseffekt der Atmosphäre einzudämmen und die weitere Technisierung der Landwirtschaft abzubauen. Denn nach der Überschwemmung weiter Küstengebiete war es mit Hilfe gigantischer Landfräsmaschinen gelungen, große ebene Flächen herzustellen. Unter großem Maschineneinsatz konnten dort widerstandsfähige Getreidearten angebaut werden, die sehr hohe Erträge brachten.

Nach den ruhigeren Jahren zwischen 2035 und 2045 dramatisierten sich im Jahre 2046 und 2047 die globalen Wetteraktivitäten. Die Sturmfluten wurden erneut stärker. Sie zogen in Deutschland unter anderem die Dämme der Hafenstadt Bielefeld – die mit ihrem Hochseehafen und ihren 15 Millionen Einwohnern ein besonders gefährdetes Gebiet war – in Mitleidenschaft.

Angesichts dieser in aller Welt sich mehrenden Katastrophenanzeichen trat im Jahre 2048 die Weltkatastrophenorganisation erneut zu einer außerordentlichen Sitzung zusammen. Nachdem man sich über die Tagesordnung geeinigt hatte, sollte der Sprecher der Weltbürgerinitiative »Gelber Fortschritt« ein mehrstündiges Referat halten. Nach etwa einer halben Stunde wurde er von dem Sitzungsleiter unterbrochen, weil in der Zentrale Katastrophenmeldungen aus aller Welt einliefen.

Das Ende ist dann doch viel früher gekommen, als alle – selbst die Weltbürgerinitiative – erwartet hatten, und es war fast trivial. Denn obwohl in dem zentraleuropäischen Kernfusionsreaktor ca. drei Millionen denkbarer Schadensfälle durchgespielt worden waren, entwickelte sich folgende Kettenreaktion: In dem vorgeschalteten Atomreaktor, der die Betriebsenergie für den Fusionsreaktor erzeugte, war bei einer routinemäßigen Überpüfung ein Mikrochip ausgefallen. Der Reaktor wurde abgeschaltet. Um den Mikrochip auszuwechseln, mußte eine Versorgungsklappe geöffnet werden. Der passende Schraubenzieher war nicht zur Hand. Der Versuch der Bedienungsmannschaft, die Schraube mit einem anderen Schraubenzieher herauszudrehen, schlug fehl, weil die Schraube abbrach. Auch der Versuch, den Kasten mit einer Brechstange zu öffnen, blieb erfolglos, weil die Brechstange zu schwach war. Der Reaktor reagierte aufgrund des fehlenden Mikrochips und der folgenden Fehlschaltungen umgekehrt als einprogrammiert und fuhr die Brennstäbe heraus. Die folgende Kettenreaktion löste einen relativ leichten Kernkraftunfall aus, der lediglich das Reaktorgebäude zur Explosion brachte, ein Vorgang, der inzwischen routinemäßig zu bewältigen gewesen wäre. Da aber der Sicherheitsabstand des Betriebsreaktors zum Kernfusionsreaktor trotz aller Warnungen zu gering bemessen war, legte die nachfolgende Explosion des verhältnismäßig kleinen Betriebsreaktors die Schaltzentrale des Kernfusionsreaktors lahm. Der Kernfusionsreaktor schmolz innerhalb einer Stunde durch. Die unkontrollierte Kernfusion führte zur Freisetzung einer bis dahin nie gekannten Energiemenge, die etwa der Stärke von 18 Wasserstoffbomben entsprach. Die hierdurch ausgelöste Wetterbewegung in Zentraleuropa führte unmittelbar zu einer Springflut auf allen Weltmeeren und löste durch ihre heftigen Frequenzen Erdbeben in den großen erdbebengefährdeten Gebieten aus. Diese Erdbeben führten dazu, daß die Dämme, die für die größtanzunehmenden Springfluten gebaut worden waren, brachen. Die Notaggregate, die durch die Energie des Kernfusionsreaktors gesteuert wurden, also große, ausfahrbare Ersatzdämme, kamen nicht mehr zum Einsatz. Unmittelbar danach brach die zentrale Wasserversorgung zusammen und überschwemmte durch ihren Überdruck fast sämtliche großen Städte. Dies führte dazu, daß die noch vorhandenen kleineren Atomreaktoren unmittelbar zusammenbrachen und größere regionale Explosionen auslösten. Diese Explosionen wiederum zerstörten die Auffangbecken der zentralen Mülldeponien für Chemieabfall, wodurch weltweit Giftgase freigesetzt wurden. In den ersten Stunden nach der Katastrophe müssen mindestens drei bis vier Milliarden Menschen getötet worden sein. Reste der Menschheit, die sich in den Bergregionen Südamerikas und Zentralasiens – vor allem im Himalaja – noch unter normalen Bedingungen, das heißt ohne Beatmungsgeräte, am Leben erhalten hatten, starben innerhalb weniger Tage.

Im Dezember des Jahres 2048 ist durch einen Zufall die gesamte Menschheit ausgerottet worden.

In dem von mir entwickelten Szenarium wurden nur technische Abläufe beschrieben, die entweder schon realisierbar sind oder mit den vorhandenen technologischen Möglichkeiten des Menschen zu realisieren wären. Ich will dies an einigen Beispielen erläutern: Die von mir eingeführte große Ringversorgungsleitung für Europa ist keine Utopie mehr. Ballungsgebiete, wie Hamburg, Frankfurt, u. a., werden heute bereits durch große Rohrleitungen aus der Lüneburger Heide oder vom Bodensee versorgt. Die Vorstellung, daß man künftig nicht mehr im Meer baden können wird, ist nicht absurd. Heute bereits kann man an vielen Mittelmeerstränden nicht mehr ohne Risiko baden. Die großen Flüsse Deutschlands sind Kloaken. Auch zahlreiche kleinere Bäche und Seen sind für den Badebetrieb nicht mehr zugelassen. Die Teilabsenkung in Küstenbereichen nimmt dramatisch zu: Fast alle großen Ballungsgebiete, wie Mexico City oder Tokio, versinken durch die großflächige Grundwasserabpumpung teilweise um mehrere Meter pro Jahr. Darüber hinaus drohen in einigen Teilen Hollands die in Jahrhunderten dem Meer abgerungenen Küstenregionen zu weit unter die Meeresoberfläche zu sinken, weil Erdgas gewonnen wird.

Die Unfähigkeit sämtlicher Regierungen, auf die Katastrophe im Szenarium zu reagieren, korrespondiert natürlich mit dem Verhalten unserer Regierungen angesichts vorhersehbarer Katastrophen: Sie veranstalten Konferenzen, diskutieren und vertagen. Der Ablauf der Endkatastrophe ist vergleichbar den großen Katastrophen der Menschheitsgeschichte: dem Untergang der Titanic, dem Reaktorunfall von Harrisburg, dem von Tschernobyl und vielen anderen. Die Ursache dieser Katastrophen ist immer menschliches Versagen, nie die Technik. Damit stellt sich natürlich ab einem gewissen Zeitpunkt die Frage, ob man Techniken konstruieren darf, die im Falle menschlichen Versagens ein so großes Zerstörungspotential besitzen, daß sie die gesamte Menschheit vernichten können. Selbst der Reaktorunfall von Tschernobyl hat die Erkenntnis, daß diese Technik nicht beherrschbar ist, noch immer nicht im nötigen Maße gefördert, obwohl gerade dieses Ereignis beispielhaft gezeigt hat, wie ein verhältnismäßig kleiner Unfall weltweites Entsetzen hervorrufen kann. Zwar mag manchem die Größe des im Szenarium geschilderten Kernfusionsreaktors heute noch utopisch erscheinen, ich glaube aber, aufgrund der Erfahrungen der Vergangenheit, daß die Konstrukteure solch kühner Ideen sich durchsetzen werden. Ich hoffe, daß wenigstens ein Teil der Menschheit den Mut findet, sie von ihrem Tun abzuhalten.

Bleibt noch das besorgniserregendste Detail meines Szenariums darzulegen, nämlich den Zeitpunkt, an dem die Katastrophe eintritt. Es fiele wahrscheinlich vielen leichter, meiner Katastrophentheorie zuzustimmen, wenn die Endkatastrophe erst in dreihundert oder siebenhundert Jahren stattfinden würde. Besorgniserregend für viele ist vor allem, daß sie bereits in 60 Jahren stattfindet. Und diesbezüglich ist auch der heftigste Widerstand zu erwarten, da die meisten den Zustand unserer Umwelt immer noch für relativ intakt halten. Ich selbst halte die zeitliche Fixierung ebenfalls für ziemlich gewagt, da nicht exakt zu bestimmen ist, ob die Katastrophe bereits in 60 oder erst in 80 Jahren stattfinden wird. Ich behaupte aber, daß es genügend konkrete Daten gibt, die uns geradezu zwingen, deutlich zu machen, daß wir nur noch sehr wenig Zeit haben, einen Ausweg aus der von uns geschaffenen Sackgasse zu suchen und zu finden.

Bodenschätze sind keine Energiereserven

In der Entwicklungsgeschichte der Erde nimmt die Menschheit nur einen winzigen Zeitraum ein. Wir sehen uns aber als Mittel- und Endpunkt dieser Entwicklung und leiten daraus unser Recht ab, alles, was in diesem unendlich langen Zeitraum an natürlichen Ressourcen geschaffen worden ist, innerhalb von extrem kurzer Zeit zu verbrauchen. Wir ignorieren damit das Verhältnis zwischen der Entwicklungsgeschichte unserer eigenen Art und unserem eigenen Leben, das heißt, wir wollen in der kurzen Zeit unseres Menschenlebens wesentlich mehr Lebensqualität haben, als Tausende und Zehntausende von Generationen vor uns hatten.

Die Menschheit brauchte mehr als eine Million Jahre, um den Schritt zur Entwicklung der Dampfmaschine zu tun. Wir aber gehen davon aus, daß innerhalb eines Zeitraums von 25 Jahren jeder einzelne Mensch einer Weltbevölkerung von 4 Milliarden Menschen so viel nicht regenerierbare Energie zur Verfügung hat wie z. B. sämtliche Einwohner der Stadt Berlin im Jahre 1817, als dort die erste Dampfmaschine mit 17 PS aufgebaut wurde.

Heute muß jeder Familie mindestens eine Gesamtantriebsenergie von mehr als 100 PS zur Verfügung stehen, um ein vermeintlich »menschenwürdiges« Leben zu garantieren. Erst vor diesem Hintergrund kann man ermessen, was es bedeutet, wenn Reserven, für deren Entstehung Hunderte von Millionen Jahren notwendig waren – Kohle, Erdöl und Erdgas – in einem Zeitraum von 300 Jahren verbraucht werden. Bisher gingen wir davon aus, daß dieser Verbrauch uns ein angenehmes Leben ermöglichen würde. Wir haben in den eingelagerten Energievorräten lediglich Material für die Energieerzeugung gesehen.

In der Anfangsphase ihres Verbrauchs sah man in der Kohle einen unterirdischen Wald, der immer wieder nachwächst. Diese naive Vorstellung wurde abgelöst durch eine partiell naturwissenschaftliche Vorstellung. Es wurden Theorien entwickelt, die erklärten, wie die Kohle durch Ablagerungen von Bäumen, Pflanzen und Farnen entstanden ist.

Der starke Oberflächendruck, der durch die immer wieder aufgelagerten Gesteinsmassen entstand, brachte eine Verdichtung, so daß der Wald der Vorzeit in immer neuen Schichten und immer neuen Epochen zu Kohle gepreßt wurde.

Bei dieser eher mechanisch-naturwissenschaftlichen Sichtweise ist bisher außer acht geblieben, daß nicht allein die Bäume und der Gesteinsdruck verantwortlich für die Entstehung der Kohle waren. In der Kohle selbst sind viele chemische Elemente gebunden, die bei der Verbrennung freigesetzt werden und deren Bedeutung wir erst nach und nach erkennen. Besonders wichtig sind Schwefel, Schwermetalle und weitere chemische Verbindungen, die bei der Verbrennung Luftverschmutzung verursachen.

Ein Teil dieser Elemente, die in der Kohle enthalten und gebunden sind, entstammt der Uratmosphäre der Erde. Wenn man nun irrtümlicherweise davon ausgeht, daß die Kohle nur Brennmaterial aus der Erdoberfläche ist, so sieht man nur einen Aspekt ihrer Bedeutung. Es wird dabei übersehen, daß durch die Kohle eine Menge Schadstoffe aus der Atmosphäre herausgefiltert, gebunden und in tiefere Erdschichten eingelagert wurde. Wir müssen uns deshalb die Frage, ob und wie wir Brennmaterialien – Kohle, Öl, Erdgas – verheizen und verarbeiten, neu stellen.

Durch unser Verbraucherverhalten setzen wir in kürzester Zeit einen großen Teil der Schadstoffe, die aus der Uratmosphäre herausgefiltert wurden, wieder frei, ohne sie erneut zu binden, wie das die Kohle in Jahrmillionen getan hat. Deshalb muß am Anfang unserer Umorientierung in bezug auf den Energieverbrauch ein neues Verständnis der Funktionen von Kohle, Erdöl und Erdgas stehen. Diese Rohstoffe sind Schadstoffilter, die uns – der Menschheit – ein Leben in der Atmosphäre erst ermöglicht haben. Ein Abbau dieser Schadstoffilter durch fossilen Energieverbrauch innerhalb kürzester Zeit würde wahrscheinlich ausreichen, um die Atmosphäre, also die Luft, die wir atmen müssen, so zu verändern, daß menschliches Leben nicht mehr möglich ist, es sei denn, man erfände technische Geräte, durch die wir permanent künstlich zu beatmen wären. Die Giftkatastrophe in Kamerun 1986, bei der durch einen Ausbruch von Schwefelgasen aus einem See mindestens 1300 Menschen innerhalb von Minuten ums Leben kamen, beweist diese These. Hier konnte man die konzentrierte und kurzzeitige Wirkung der Schadstoffe, die unter anderem in der Kohle gebunden sind, beobachten.

Die globalen Auswirkungen der Kohleverbrennung könnten allerdings erst nach etwa 300 Jahren exakt bestimmt werden. Was in Kamerun nur eine Stunde dauerte oder eventuell noch weniger, wird beim Verbrauch der Kohle rund 300 Jahre dauern, und am Ende dieses Prozesses ist erst das Ausmaß der Katastrophe festzustellen, die wir in Gang gesetzt haben.

Mit den Betrachtungen über die Entstehung der Kohle im Kambrium habe ich versucht klarzumachen, wie wichtig erdgeschichtliche Kenntnisse für unsere heutige Entwicklung sind. Sieht man sich aber den wissenschaftlichen Kenntnisstand an, so findet man sehr viel Unsicherheit. Während Geologen schon seit längerer Zeit genauere Forschungsergebnisse ermitteln und damit ihre Theorien über die Erdgeschichte immer besser belegen können, ist die sogenannte Wissenschaft der Paläoklimatologie erst im Entstehen begriffen und kann uns bisher nur vage Kenntnisse über die klimatischen Verhältnisse vorzeitlicher Epochen ermitteln. Unser Umgang mit der Kohle und fast allen anderen Bodenschätzen erfordert jedoch exaktes Wissen darüber, welchen Ursachen diese Grundstoffe ihre Entstehung verdanken.

Es gibt eine Theorie, wonach die Kohle der Erdatmosphäre in großem Ausmaß CO_2 entzogen hat. Steigt beispielsweise der CO_2-Gehalt der Atmosphäre um das Doppelte oder halbiert er sich, so verändert sich die Durchschnittstemperatur um jeweils 3° C nach oben oder unten. Bemerkenswert ist, daß die Erdatmosphäre nur 0,03 % CO_2-Gehalt hat; dieser ist aber entscheidend verantwortlich für den gesamten Wärmehaushalt der Erde. Inzwischen läßt sich nämlich nachweisen, daß die Existenz des Menschen nur in einem insgesamt ausgeglichenen Erdklima möglich ist. Wenn man nun annimmt, daß vor der Entstehung der Kohle – im Kambrium – der CO_2-Gehalt wesentlich höher war, so war damit die Entstehung menschlichen Lebens unmöglich. Die Freisetzung eines großen Teils der in 300 Millionen Jahren gebundenen Kohlenstoffe in die Atmosphäre würde bedeuten, daß wir die Atmosphäre in einen Zustand verwandeln, der dem der Vorkambrium-Zeit ähnlich ist. Darüber hinaus ergibt sich durch die Freisetzung eine weitere wesentliche Veränderung der Ozonschicht und anderer bedeutender Spurengase in der Atmosphäre.

Dieser Prozeß sowie die von mir aufgezeigten Vorgänge der Bindung anderer Schadstoffe sind von entscheidender Bedeutung für die Existenz des Menschen. Daraus folgt, daß wir – trotz mangelhafter Erkenntnisse – die Warnungen zahlreicher Wissenschaftler vor einer nahen Katastrophe nicht länger ignorieren dürfen. Anders gesagt: Gerade weil wir so wenig wissen, es aber sehr viele ernst zu nehmende

Anzeichen für eine Katastrophe gibt, dürfen wir das Experiment – das Aufheizen der Atmosphäre – nicht weiter fortführen.

Die erdgeschichtlichen Zeitalter, die dem Kambrium folgten, haben vermutlich ebenfalls zu einer immer stärkeren Reduzierung gefährlicher Schadstoffe auf der Erdoberfläche und in der Erdatmosphäre geführt. So dürften verschiedene der von uns heute »ausgebeuteten« Metalle – wie Blei, Kupfer, Zinn, Zink, Uran – erst durch ihre tiefe Einlagerung in der Erde zur Existenz der Säugetiere und des Menschen beigetragen haben. Diese Theorie widerspricht natürlich allen Theorien, die davon ausgehen, daß die Natur oder irgendeine überirdische Macht einen unterirdischen Schatz für uns angelegt hat, den wir nur auszugraben und zu nutzen brauchen.

Nun kann man einwenden, daß verschiedene erdgeschichtliche Entwicklungsstufen vielfach Katastrophen erlebt haben. Dabei ist aber zu bedenken, daß für diese Entwicklungen der Begriff *Katastrophe*, wie wir ihn heute benutzen, mit Sicherheit völlig fehl am Platze ist. Das vieldiskutierte Sterben der Saurier vollzog sich nicht in 10, 20, 100 oder 1000 Jahren, sondern umfaßte in der Regel Millionen von Jahren. Diese sogenannten Erdkatastrophen oder Erdkrisen (vgl. K. Schmidt, S. 253) erhalten ihre Bezeichnung erst dadurch, daß wir – der Anschaulichkeit halber – versuchen, die gesamte Erdgeschichte beispielsweise im Ablauf eines Jahres oder Tages abzubilden. So sind die Zeiten des Kambriums, des Devons, des Perms, der Trias und der Kreide als Zeiten des Massensterbens von Meeresbewohnern bekannt – am Ende des Perms war nahezu die Hälfte der damals bekannten Tierfamilien ausgestorben. Erst später, nach 15 bis 20 Millionen Jahren wurde die Vielfalt der Formen wieder erreicht. Wir müssen diese Entwicklungen aber in Beziehung setzen zu unseren heutigen Zeitdimensionen: Es geht dabei um 100, 200 oder höchstens 1000 Jahre. Deutlicher ausgedrückt: In einem der frühen Erdkatastrophenzeitalter, d. h. im Perm, verschwanden innerhalb von 15 Millionen Jahren durch natürliche Einwirkungen ca. 1000 Tierfamilien. Der Mensch hat aber in den letzten hundert Jahren bereits 450 Arten ausgerottet. Setzt man diese Zahlen zueinander ins Verhältnis, so hat der Mensch durch seine technischen Möglichkeiten gegenüber der Natur eine ca. 70 000fache Beschleunigung im Ausrotten von Tierarten erreicht.

Bedenkt man weiterhin, daß auch in dem erwähnten Zeitraum von 100 Jahren noch ein Beschleunigungsfaktor enthalten ist, so müßte man schon allein aus diesen Zahlen den Schluß ziehen, daß der Mensch – der nun einmal trotz seiner ganzen Technik nur mit anderen

Tierarten zusammen existieren kann – rein numerisch noch eine Lebenszeit von 10 Jahren hat.

Ich möchte nun auf das Verhältnis Mensch – Umwelt und den Energieverbrauch in der Übergangszeit von der Entwicklung früher Tierformen zu der des Menschen eingehen. Heute gehen die Paläonthologen davon aus, daß die frühesten Menschen in Afrika gelebt haben und daß es keine unmittelbare Aufeinanderfolge von Menschenarten gegeben hat, sondern die Entwicklungsgeschichte des Menschen sich in mehreren Ästen vollzogen hat, die teilweise ausgestorben sind und teilweise bis in unsere heutigen Generationen hineinreichen. Dabei sind alle Forscher der Auffassung, daß der Mensch in dem Zwischenstadium zwischen Tier und Mensch – also zwischen affenähnlichem Tier und menschenähnlichem Affen – ein Waldtier gewesen ist. Dieses hatte alle seine Fähigkeiten zum Leben und Überleben auf seine natürliche Umgebung ausgerichtet, sowohl was seinen Bewegungs- und Wahrnehmungsapparat als auch seine Nahrungssuche anbelangt. So ist der Mensch zwangsläufig ein Jäger und Sammler wie viele der mit ihm verwandten Tiere. Eines der großen Mißverständnisse in den Theorien zur Entwicklung des Menschen dürfte auch die Mystifizierung des aufrechten Gangs sein, der neben einigen anderen Merkmalen, die dem Menschen allein zugedacht werden, als eine unserer »erhabensten« Errungenschaften gegenüber den übrigen Lebewesen angesehen wird. Der Mensch hat sich nicht deshalb aufgerichtet, weil er sich über die anderen Tiere erheben wollte oder weil er es für vernünftig hielt, sondern weil diese Haltung für seine Fortbewegung auf der Nahrungssuche günstig war. In bezug auf die Energie, die der Mensch benötigt, um sich fortzubewegen, ist dies deshalb interessant, weil unter Umständen in einer entsprechenden Umgebung die Fortbewegung auf vier Beinen viel vernünftiger gewesen wäre. Hinzu kommt, daß die Belastung durch die totale Aufrichtung langsam zu einer chronischen Zerstörung eines Teils seines Knochenapparates führt. Damit wird genau das Gegenteil von dem erreicht, was man »erhaben« nennen könnte.

Der Mensch fügte sich durch seine Entwicklung zum aufrecht Gehenden wahrscheinlich einen chronischen Konstruktionsfehler zu, den er später durch alle möglichen technischen Hilfsmittel auszugleichen versuchte. Die Plausibilität dieser Betrachtungsweise ist allein dadurch belegt, daß fast alle Orthopäden bei Erkankungen der Wirbelsäule immer wieder darauf hinweisen, daß dieser Körperteil eigentlich nicht so konstruiert ist, daß er den aufrechten Gang des Menschen auf Dauer aushalten kann. Hinzu kommt, daß alle anderen Tiere, die eine gewisse

Laufgeschwindigkeit benötigen, um zu jagen, mit vier Beinen viel schneller sind als wir mit zwei. Der Mensch reduzierte sich damit in einer frühen Stufe seiner Entwicklung auf einen bestimmten Lebensbereich, hat aber wahrscheinlich einen Teil der Instinkte, die anderen Lebensbereichen zuzuordnen waren, nie abgelegt. Im folgenden wird noch ausgeführt werden, welche Auswirkungen dies auf die Entwicklung bestimmter Techniken, die der Mensch nutzt, um schnell zu sein, gehabt hat.

Die gängigen Theorien der Entwicklung der Menschheitsgeschichte gehen davon aus, daß der Mensch sich vom Jäger und Sammler zum Ackerbauern entwickelt hat. Die Energiebilanz betreffend bedeutet dies, daß die Nutzung der Energie sich von der reinen Sonnenenergie zu einer erstmals technisch gewonnenen Sonnenenergie wandelt. Oder anders gesagt: Der Jäger und Sammler sammelt mehr oder weniger zufällig, was die Sonne ihm an Nahrungsmitteln zur Verfügung stellt. Die Energiebilanz dieses Menschen ist neutral. Er lebt, energetisch gesehen, von der Sonnenenergie und greift noch nicht einmal die Biosphäre – d. h. den Wald oder den Pflanzenwuchs – an, um sich zu versorgen. Auch in seiner Abfallbilanz dürfte er energetisch absolut neutral gewesen sein. Die viel interessantere und bedeutendere Stufe ist die Epoche der Ackerbauern und Viehzüchter. Auch in der frühen Zeit des Ackerbaus lebte der Mensch – energetisch gesehen – allein von der Sonnenenergie, aber er griff zum erstenmal regulierend in das Energiesystem der Natur und in die Biosphäre ein.

Nachdem der Mensch den Schritt vom Jäger und Sammler zum Ackerbauern vollzogen hatte, trat er in einen neuen Zustand des Energieverbrauchs ein. Künftig wendete er zwar für seinen unmittelbaren Lebensunterhalt genausoviel Energie auf wie vorher, erreichte aber durch mehr Energieeinsatz einen höheren Ertrag. Das bedeutete, er hatte mehr Lebensmittel, als er für sich selbst oder für seine Familie benötigte. Was die Energiebilanz betrifft, so war dies unsinnig, weil er natürlich, um mehr Ertrag zu haben, auch mehr Energie aufwenden mußte. Da aber die gewonnene Energiemenge nicht gebraucht wurde, erzeugte er Luxus oder Überschuß.

Der Übergang vom Sammler und Jäger zum Ackerbauern wird heute allgemein von Archäologen und Paläontologen als sogenannte »neolithische Revolution« bezeichnet. Mit dieser Bezeichnung wird zwangsläufig ein Bezug zur »industriellen Revolution« hergestellt: Man geht in der allgemeinen Systematik der menschlichen Entwicklung sowohl bei der neolithischen als auch bei der industriellen Revolution von einem Fortschritt in der Entwicklung der Produktivkräfte aus. Das Jagen und Sammeln von Nahrungsgütern war weitgehend vom Zufall bestimmt.

Mit der neolithischen Revolution beginnt der Mensch erstmals, gezielt zu handeln. Dies bedeutete aber, daß der Energieverbrauch höher wurde, ohne daß der Energieertrag stieg. Fast alle Wissenschaftler haben bisher diesen Vorgang nur unter dem Aspekt gesehen, daß ausreichend Energie zur Verfügung stand und deren Nutzung unmittelbar vom technischen Fortschritt abhing. Übersehen wurde, daß jeder Energieverbrauch auch mit Entsorgung verbunden ist. Etwas deutlicher drückt diesen Vorgang der Begriff Abfall aus; Abfall ist ein Produkt, das nicht mehr benutzt wird, aber die Umgebung schädigt.

Wir können heute behaupten, daß in den Gesellschaften der Sammler und Jäger eine höchst vernünftige Relation zwischen Energieaufwand und Energieertrag bestand. Der Einwand, wir wüßten zu wenig über die Urgesellschaften, um dies behaupten zu können, kann nicht gelten. Durch Studien bekannter Ethnologen über noch heute lebende Südseestämme läßt sich dies ausreichend belegen.

Vom Sammler und Jäger zum Ackerbauern

In den USA sind heute nur noch 2 % der Arbeitnehmer in der Landwirtschaft beschäftigt. 98 % der Bevölkerung brauchen für den Erwerb der täglichen Nahrung also nicht mehr selbst zu arbeiten, sondern gehen Beschäftigungen nach, die nicht unmittelbar der Versorgung mit Lebensmitteln dienen. Gleichzeitig verbraucht jeder US-Amerikaner z. Z. pro Kopf und Jahr rund 10 Tonnen Steinkohleeinheiten Energie. In 94 Entwicklungsländern mit einer Bevölkerungszahl von 3,4 Milliarden Menschen sind z. Z. 63 % der Menschen in der Landwirtschaft tätig. Der Pro-Kopf-Energieverbrauch dieser Länder beträgt 0,76 Tonnen Steinkohleeinheiten pro Jahr. Wenn sich alle Bewohner der Erde so verhielten wie die US-Amerikaner, läge der Gesamtenergieverbrauch bei 45 Milliarden Tonnen Steinkohleeinheiten. Zur Zeit beträgt er bereits 8,6 Milliarden. Würde sich hingegen die Erdbevölkerung heute an dem Durchschnitt der Entwicklungsländer orientieren, so betrüge der Weltenergieverbrauch nur 3,4 Milliarden Tonnen; das heißt, wir verbrauchten nur ein Drittel unserer heutigen Energie. Rechnet man diese Energieverbrauchsdaten hoch auf das Jahr 2050 und eine dann vorhandene Einwohnerzahl von 9 Milliarden Menschen, so erhält man entweder einen Verbrauch von 90 Milliarden Tonnen – also das Zehnfache des heutigen Energieverbrauchs – oder einen Verbrauch von 6,8 Milliarden Tonnen. Zwischen diesen Extremen bewegt sich der Weltenergieverbrauch in den nächsten 70 Jahren, wenn man davon ausgeht – und das ist wohl unabänderlich –, daß bis zum Jahre 2050 das Bevölkerungswachstum nicht zu bremsen ist. Diese beiden Zahlen bedeuten, daß die industrielle Intensivlandwirtschaft der westlichen Zivilisation mit ihrem Minimum an Arbeitskräften auf keinen Fall zum Muster für die Weltlandwirtschaft oder das Weltbeschäftigungssystem werden darf. Die Umweltfolgen jeglichen Energieverbrauchs aus künstlichen Wärmequellen schränken diesen Verbrauch so radikal ein, daß selbst der heutige Verbrauch noch wesentlich gesenkt werden muß, um ein Überleben der Menschheit zu garantieren. Diese Forderungen erzwingen ein neues Konzept für die Beschäftigung der Erdbevölkerung. Hierbei nimmt die Landwirtschaft die Schlüsselstellung ein. Denn noch heute besteht fast die Hälfte der Erdbevölkerung aus Bauern; in den Entwicklungsländern beträgt ihr Anteil sogar zwei Drittel. Würden sich dort die Verhältnisse während der nächsten 70 Jahre ähnlich entwickeln wie in den Industrieländern während der letzten 70 Jahre, so müßten in allen anderen Regionen weltweit die gleichen Umweltprobleme auftreten wie in den Industrieländern. Dies bedeutet, daß der Zwang zum Handeln nicht bei den Entwicklungsländern, sondern bei den Industrieländern liegt. Nur wenn diese ihr Energieverbrauchsverhalten, ihre Landwirtschaft und ihre Industrie, kurz, ihre gesamte Lebensweise ändern, könnten die Weltklima- und Versorgungsprobleme gelöst werden. Dabei geht es nicht um die Glaubwürdigkeit der Fortschrittsdenker, sondern ums nackte Überleben.

Bevor die Industrieländer eine Revision ihrer heutigen Lebensweise anstreben können, müssen sie sich erst einmal auf die Anfänge unserer heutigen Zivilisation besinnen und – im Nachvollzug des permanenten Fortschritts bis zu unserer heutigen Energieverschwendungsgesellschaft – auch erkennen, welche Irrwege und Sackgassen diese im Laufe ihrer Geschichte beschritten hat.

Wir halten die Entwicklung des Ackerbaus für eine der größten Errungenschaften des Menschen, weil wir glauben, nur dadurch in der Lage zu sein, die heutige Erdbevölkerung ausreichend ernähren zu können. Darüber hinaus leiten wir alle grundlegenden technischen Errungenschaften – Rad, Pflug, Transportsysteme, Häuser, Kleidung, Heizung, Maschinen, Städte und vieles andere – von diesem Fortschritt ab. Dabei ist gerade dieser Schritt im zeitlichen Vergleich zur gesamten Menschhheitsgeschichte jüngsten Datums. Menschen existieren bereits seit mindestens 2 Millionen Jahren, doch sie betreiben erst seit 10 000 Jahren Ackerbau. Die industrielle Revolution fand erst vor 200 Jahren statt.

Teilen wir – der Anschaulichkeit halber – die gesamte Menschheitsgeschichte in einen Tag von 24 Stunden auf, so haben wir genau um 23.53 Uhr mit dem Ackerbau begonnen und die Industrialisierung der Welt begann um 23.59.52 Uhr (= 23 Uhr, 59 Minuten, 52 Sekunden).

Vor der Entwicklung des Ackerbaus ernährte sich der Mensch als Sammler und Jäger von seiner natürlichen Umgebung. Wir verbinden diese Zeit mit der irrigen Vorstellung, die Menschen damals seien »primitive Steinzeitbewohner« gewesen. Demnach müßte man von der 24stündigen Geschichte der Menschheit 23 Stunden und 53 Minuten für absolut vergebens, sinnlos, finster und archaisch halten. Und nur sieben Minuten wären für uns relevant. Dabei könnten wir – betrachten wir beispielsweise unseren heutigen horrenden Energieverbrauch – gerade von dem »langen Rest« der menschlichen Entwicklungsgeschichte so unendlich viel lernen.

Unser Wissen über die Lebensweise der Sammler und Jäger ist heute viel umfangreicher als noch im vorigen Jahrhundert, in dem die systematische Erforschung des steinzeitlichen Lebens erst begann. Die Forschungsergebnisse geben uns ein sehr anschauliches Bild von der Lebensweise der Sammler und Jäger.

Bevor man in seinem Auto einen Aufkleber »Steinzeit, nein danke!« anbringt, sollte man sich erst einmal mit der Lebensweise der Vorzeit-Menschen auseinandersetzen. Der Besuch eines Völkerkundemuseums könnte dafür erste Informationen geben und Anschauungsmaterial bieten.

In seiner aufschlußreichen Schrift *Materielle Kultur der Gilbert-Inseln* beschreibt Gerd Koch die materiellen Lebensbedingungen von Menschen, die denen im Neolithikum sehr ähnlich sind. Dabei fällt auf, daß bei der Bewertung dieser Lebensweisen immer wieder heutige Maßstäbe angelegt werden. Koch schreibt:

> »Charakteristisch für dieses Land – das zu den unwirtlichsten Gebieten unserer Erde zählt – sind weite Sandflächen in den Uferregionen (besonders der Passagen zwischen den Eilanden), auf denen nur eine äußerst anspruchslose Vegetation (z. B. der Salzbusch Pemphis acidula Forst.) gedeiht. Die Pflanzenwelt dieser äquatorialen Atolle ist artenarm. Doch jenseits der Uferregionen sind die Inseln von dichten Kokospalmwäldern überzogen, die auch von Pandanuspalmen und anderen typischen Pflanzen der Atollvegetation durchsetzt sind.
>
> In der Wirtschaftsweise dieses Volkes ist – jedenfalls auf den von uns untersuchten »trockenen« Atollen Nonouti, Tabiteuea und Onotoa – eine starke wildbeuterische Komponente unverkennbar. Hinsichtlich ihrer alltäglichen Ernährung sind die Gilbertesen überwiegend Nahrungssammler. Ihre Lebensfürsorge ist im wesentlichen das Erbeuten von wildlebendem Getier und das Abernten von Pflanzen, um deren Pflege man sich nicht sonderlich kümmert. Die pflanzerische Tätigkeit für die alltägliche Ernährung ist nur gering. Die übliche Kost besteht zumeist aus Meeresfauna und dem Fruchtfleisch der Kokosnüsse. Die Wirtschaftsweise wie die materielle Kultur mit ihrer z. T. unnötig schlichten Umwandlung von Naturprodukten in Verbrauchs- und Gebrauchsgüter zeigen eine sinnige, mühesparen-

de und vom Gleichmut getragene Anpassung an eine höchst unwirtliche Umwelt. Im Gegensatz zu der z. T. recht primitiven Ausrüstung stehen indessen die großartigen Versammlungshäuser, die zu den umfangreichsten Bauten Ozeaniens zählen und beachtenswerte Leistungen auf diesen nutzholzarmen Eilanden repräsentieren, wie auch die innerhalb des mikronesischen Schemas entwickelten, perfekt konstruierten Segelboote (die zu den schnellsten motorlosen Wasserfahrzeugen der Völker unserer Erde gehören) Musterbeispiele bester Handwerkskunst sind, die infolge der augenscheinlichen Anspruchslosigkeit der Bevölkerung nicht auf allen Gebieten des täglichen Lebens Anwendung fand. Bemerkenswert sind auch die kunstvoll geflochtenen, oft mit unterschiedlichen Musterungen auf beiden Seiten versehenen Schlafmatten, die mit ihren Ornamentierungen z. B. alle vergleichbaren westpolynesischen Flechtarbeiten weit übertreffen.«[1]

Die Beschreibung der frühen Sammler- und Jägerkulturen mit ihrer energiewirtschaftlich hoch entwickelten Technologie läßt sich beliebig fortsetzen. Die Bewohner der Gilbert-Inseln haben sehr wenig Nutzholz und entwickelten perfekt konstruierte Segelboote, die zu den schnellsten motorlosen Wasserfahrzeugen der Völker unserer Erde gehören.

An einer anderen Stelle wird dargestellt, daß die tägliche Nahrung immerhin eine Variationsbreite von 82 Alltagsspeisefolgen umfaßt. Zur Zubereitung der Nahrung benutzen die Gilbertesen bereits das Feuer, verwenden es aber sehr sparsam, so daß Brände in ihrem begrenzten Lebensraum keine Zerstörungen anrichten können. Interessant an der Schilderung ist die Bewertung, die der Forscher teilweise mit einfließen läßt. So wird von »unnötig« schlichter Umwandlung von Nahrungsprodukten und von einem »unwirtlichen« Lebensraum gesprochen. Obwohl das Gebiet ideale klimatische Bedingungen sowohl für den Lebensunterhalt der Menschen als auch für ihren Energieverbrauch bietet, wird einerseits von mühesparender und andererseits von mit Gleichmut getragener Anpassung an eine höchst unwirtliche Lebenswelt gesprochen. Wenn man einmal davon ausgeht, daß es sich bei den dort existierenden Kulturen im Vergleich zu unserer hochzivilisierten Lebensweise um einen Extremfall handelt, und man andererseits einmal überlegt, daß unsere Speisenvarianten immer dürftiger, unser Lebensraum und unser Kreativitätshorizont immer beschränkter werden, so fragt man sich, warum wir zur Erhaltung unserer Existenz eine immense Naturzerstörung anrichten und wieviel mehr an Lebensqualität wir uns dadurch geschaffen haben.

Nun könnte man einwenden, daß das Bevölkerungswachstum einfach eine solche Lebensweise erzwungen hat. Aus den vorliegenden Berichten über die Gilbert-Inseln geht aber hervor, daß die Bewohner in einem sehr dicht besiedelten Gebiet leben und ihre Lebensweise nur in der Anpassung an die sie umgebende Natur gefunden haben. Betrachtet man die Überlebenschancen der Menschheit, so bietet die Lebensweise der Gilbertesen und ihr Umgang mit Energie ein akzeptables Modell für eine künftige Entwicklung.

Dieses Beispiel zeigt, daß unser Überleben nicht dadurch zu sichern ist, daß wir mehr Energie und mehr Ressourcen verbrauchen, sondern uns an früheren Lebensformen orientieren und eine sinnvolle Anpassung älterer Lebensformen an unsere heutigen Bedingungen vornehmen müssen. Beim Gang durch die Geschichte der Entwicklung des Energieverbrauchs werden mehrere solcher Lebensformen aufgespürt werden.

Zusammenfassend läßt sich sagen, daß die Stammesangehörigen eines solchen »primitiven« Stamms wie dem der Gilbertesen etwa zwei Tage in der Woche mit dem Nahrungserwerb beschäftigt sind. Die übrige Zeit verbringen sie mit anderen Tätigkeiten, welche die Gesellschaft fordert, oder sie können sich ausruhen. Danach ist also für einen Ernährer auf altsteinzeitlicher Kulturstufe die Relation zwischen der aus der Nahrung gewonnenen Energie und der Energie, die er zur Nahrungserzeugung aufwendet, sehr gut.

Im Durchschnitt benötigte also der Sammler und Jäger für den Erwerb seiner Nahrung pro Woche zwei Tage zu jeweils acht Stunden. Er verbrauchte pro Stunde rund 100 Watt Körperkraft, woraus sich eine aufgewendete Gesamtenergie von 2x8x100 = 1,6 kWh ergibt. Mit diesem Energieaufwand ernährte er vier Personen sieben Tage lang, gewann damit also eine Gesamtenergie von 4x7x24x100 = 67,2 kWh. Das Verhältnis von Energiegewinn zu Energieaufwand betrug demnach 40:1, was heißt, daß aus jeder aufgewendeten Kalorie 40 Nahrungskalorien wurden. Dieses absolut sensationelle Wirkungsverhältnis ist seitdem – trotz aller technischen Neuerungen, die der Mensch erfand – nie wieder erreicht worden.

Unsere moderne Ernährungsweise ist in höchstem Maße ein Energieverlustbetrieb, was bedeutet (wie im folgenden noch nachgewiesen werden soll), daß seit der Zeit der Sammler und Jäger der sog. Fortschritt in der Produktion von Nahrungsmitteln eigentlich ein permanenter Rückschritt ist.

Die energieintensivste und wirksamste Phase der Menschheit liegt also nicht am Ende der Fortschrittsentwicklung sondern an ihrem Anfang. Vor ca. 10 000 Jahren gaben zahlreiche Erdbewohner diese höchst effektive Energieverbrauchsform auf. Sie begannen Ackerbau zu betreiben und entwickelten eine Art Gartenbau. Dieser bestand darin, daß zahlreiche Pflanzen »kultiviert« wurden, und man versuchte, möglichst viele und unterschiedliche Pflanzen auf relativ engem Raum und zu verschiedenen Zeiten zum Reifen zu bringen. Auch damals war der Arbeitsaufwand für die Bestellung der Felder und das Ernten immer noch relativ gering. Das heißt, vom Standpunkt der Energieeffektivität gesehen war dieser erste Hackackerbau in Form einer Gartenkultur noch ziemlich günstig.

Problematisch wurde die Sache erst, als der Mensch begann, den Pflug zu entwickeln, größere Flächen zu bestellen und das Land intensiver zu bewirtschaften. Dies war die eigentliche Geburtsstunde des Ackerbaus. Von nun an mußten die Menschen immer mehr Energie aufwenden, um sich ihren Lebensunterhalt zu sichern. Durchläuft man die verschiedenen Stufen der Entwicklung des Ackerbaus bis heute, so ergibt sich folgendes Effektivitätsmaß für die moderne industrielle Landwirtschaft: Wir benötigen heute, um 1 kcal Nahrung in Form von Getreide herzustellen, 1 kcal Fremdenergie oder – wollen wir denselben Anteil Nahrung als Mastgeflügel haben – einen Aufwand von 10 kcal, um 1 kcal zu gewinnen.

Die entscheidende Frage, die man angesichts dieses Mißverhältnisses stellen muß, ist: Was trieb den Menschen eigentlich dazu, das Sammeln und Jagen aufzugeben bzw. die immerhin noch relativ effektive Gartenbaukultur durch die uneffektive Ackerbaukultur abzulösen.

Die herrschende Meinung der Wissenschaftler geht davon aus, daß es sich bei dieser Entwicklung – vom Sammler und Jäger zum Ackerbauern – um einen Fortschritt gehandelt hat. Nach einer gewissen Zeit haben sich alle Menschen diesem Fortschritt angeschlossen, so daß die gesamte Menschheit in ihrer Entwicklung eine Stufe des Fortschritts nach der anderen erklommen hat. Mir scheint aber nachweisbar zu sein, daß verschiedene Gesellschafts- und Produktionsformen zu allen Zeiten gleichzeitig existierten. Das heißt, die historische Entwicklung, die wir aus der Entwicklung der Sammler und Jäger zum Ackerbauern ableiten und als Fortschritt bezeichnen, ist kein realer, wissenschaftlich nachweisbarer, durch die Entwicklung der Produktivkräfte notwendig bedingter Prozeß, sondern nur ein von uns erfundenes, theoretisches Modell. Dieses widerspricht im Grunde naturgegebenen, vernünftigen Verhaltensweisen des Menschen, wie an einem einfachen Beispiel erläutert werden soll: Der Landwirt der Jungsteinzeit hat erstmals systematisch Pflanzen angebaut, deren Früchte er ernten wollte. Dabei wählte er zweckmäßigerweise Pflanzenarten, die besonders viele Früchte trugen, ihm gut schmeckten und die seinem Wohlbefinden, seiner Gesundheit zu bekommen schienen. Dabei ging er sorgsam mit dem Boden um, griff möglichst wenig in den pflanzlichen Haushalt ein und versuchte – durch den Anbau mehrerer Arten nebeneinander – eine ökologisch sinnvolle Landwirtschaft zu betreiben.

Das Erstaunliche an diesem Vorgang ist, daß das Energieverhältnis, das heißt das Verhältnis von aufgewendeter zu gewonnener Energie, gleich blieb. Der Ackerbau war also vom energiewirtschaftlichen Standpunkt aus nicht effektiver als das Sammeln und Jagen. Bleibt die Frage, was den Menschen dazu veranlaßte, diese vernünftige Wirtschaftsform zu verlassen, um sich eine weniger effektive anzueignen.

Auch oder gerade weil die Arbeit heute im Mittelpunkt des menschlichen Lebens steht, gibt es viele Zeitgenossen, die sich wünschen, von der Notwendigkeit des täglichen Nahrungserwerbs befreit oder wenigstens partiell entlastet zu sein. Man sehnt sich danach, freier und »lustvoller« leben zu können, das heißt, den Lebensunterhalt zeitlich unabhängiger zusammentragen zu können, weniger abhängig zu sein von organisatorischen Fakten, die jede geregelte Tätigkeit mit sich bringt.

Dem Unterschied zwischen Sammler und Jäger (die zwar ab und zu Mühe hatten, das zu finden, was sie gerade begehrten, die aber viel weniger in zeitliche und jahreszeitliche Zwänge eingebunden waren) und dem Ackerbauern ist vergleichbar der Unterschied zwischen der Energieverbrauchsbilanz des Sammlers und Jägers und der des Ackerbauern.

Bis vor kurzem waren sich die meisten Wissenschaftler darüber einig, daß die Sammler und Jäger ein unsicheres Leben, immer am Rande des Hungertodes, geführt haben. Nichts drückt dies treffender aus als die Bemerkung des englischen Philosophen Thomas Hobbes aus dem 17. Jahrhundert, wonach das Leben der Naturmenschen »gefährlich, triebhaft und kurz gewesen« sei. Erst in jüngster Zeit erkannten einige Archäologen und Anthropologen – sowohl durch die Beobachtung zeitgenössischer, noch lebender Sammler- und Jägergesellschaften als auch durch die Erforschung historischer Lebensformen –, daß das Leben der Urzeit-Menschen durchaus angenehm gewesen ist. Diese lebten genügsam, manchmal bedroht von Tieren, doch ihr Dasein war voller Abwechslung. Der Aufwand für den täglichen Nahrungsunterhalt erforderte weit weniger Zeit als der des heutigen, ›zivilisierten‹

Menschen mit seinem 7- bis 8stündigen Arbeitstag. Darüber hinaus wächst bei allen Archäologen und Anthropologen die Erkenntnis, daß auch der Mensch der Frühzeit schon sehr hohe kulturelle Ansprüche entwickelte und erfüllte, ohne daß er dafür übermäßig hohe Arbeitsleistungen erbringen mußte.

Ältere Theorien zur menschlichen Entwicklungsgeschichte gehen davon aus, daß der Übergang zum Ackerbau durch Klimaveränderungen erzwungen wurde. Gestützt wurden diese Theorien vor allem durch die Untersuchungen des Briten Jordan Child in den dreißiger Jahren, der sich in diversen Studien mit den eiszeitlichen Lebensformen der Menschen beschäftigt und dargelegt hat, daß durch das Ende der Eiszeit fruchtbare Gebiete, die bis dahin von den Gletschern bewässert wurden, austrockneten, so daß die Menschen gezwungen waren, Bewässerungsanlagen zu bauen und sich in Gebiete zurückzuziehen, die noch ausreichend Wasser und Nahrung boten. Damit seien die Gebiete in den Flußtälern, wie Euphrat, Tigris, Nil u. a., zu Rückzugsbereichen der Menschheit geworden, und die Bevölkerung sei dort plötzlich angestiegen. Dies habe zur Entwicklung des Ackerbaus geführt, da die natürlichen Nahrungsreserven nicht mehr ausreichten.

Gegen diese Theorie wandte sich in den fünfziger Jahren zum erstenmal Robert J. Braidwood von der Universität Chicago. Er entdeckte einen Widerspruch zwischen dem ersten Auftreten des Ackerbaus und dem Zustand der Gebiete, in denen er betrieben wurde. Schon damals war bekannt, daß die frühesten Ackerbaukulturen in Persien und im Irak lagen, in Gebieten also, die weder unfruchtbar noch übervölkert waren. Diese an sich einfache Erkenntnis veranlaßte Braidwood zu einer neuen Theorie über die Entwicklung des Ackerbaus. Um diese Theorie empirisch abzusichern, bereitete er sehr sorgfältig eine Expedition in den Irak vor, wo er seine Annahmen überprüfen wollte. Ab 1948 grub Braidwood im Irak, 50 km östlich von Kirkuk und 220 km von Bagdad entfernt, eine prähistorische Siedlung aus, ca. 10 000 bis 12 000 Jahre alt, und fand den Beweis für seine These zur Entwicklung des Ackerbaus: Er fand – innerhalb von menschlichen Behausungen – Samen von Getreidesorten, die den Wildpflanzen sehr ähnlich waren. Darüber hinaus entdeckte er eine größere Zahl von Mörsern und Stößeln zum Zerkleinern des Getreides, Sichelklingen, Feuersteine, Hakken und andere Werkzeuge, die zum Anbau von pflanzlichen Nahrungsmitteln benutzt wurden. Nach langwierigen und sorgfältigen Grabungen und Forschungen konnte Braidwood genau erklären, wann, wo und wie Menschen zum erstenmal auf dieser Erde als Bauern seßhaft geworden sind und Ackerbau betrieben haben. Inzwischen haben auch andere Forscher parallel dazu Entdeckungen in verschiedenen Teilen Afrikas gemacht. Im Laufe seiner Untersuchungen wurde Braidwood klar, daß die Menschen damals ihre traditionelle Lebensweise, die ihnen viel Freiheit und Muße ermöglicht hatte, ohne daß sie Mangel litten, gegen eine neue Lebensweise eintauschten, die von ihnen Seßhaftigkeit und wesentlich mehr Arbeit verlangte und ihnen einen Teil ihres beschaulichen Daseins raubte.

Nach Abschluß seiner dreißigjährigen Tätigkeit konnte Braidwood die Fragen, wo, wann und wie der Mensch den Ackerbau entwickelt hatte, beantworten. Die Frage nach dem »Warum« blieb allerdings offen. Doch Braidwood ging immerhin so weit, zu konstatieren, daß es zwingende Gründe gegeben haben müsse, obwohl er diese weder in den natürlichen Bedingungen der Umgebung noch in Naturkatastrophen noch in Mangelerscheinungen oder in anderen physischen Ursachen entdecken konnte.

Die Schlußfolgerung Braidwoods und anderer Forscher, die behaupten, daß es zwingende Gründe für die Entwicklung des Ackerbaus gegeben haben müsse, ist nur aus dem einseitigen, ausschließlich naturwissenschaftlich orientierten Denken erklärbar, das die westliche Zivilisation seit Descartes zum Maß aller Dinge erhebt. Das Ursache-Wirkung-Prinzip des französischen Philosophen René Descartes und dessen Diktum, »Ich denke, also bin ich«, begründeten das streng rationalistische Denken des Abendlandes, das noch heute Grundlage naturwissenschaftlicher Forschung ist.

An diese Tradition anknüpfend, wird auch die Entwicklungsgeschichte des Menschen und die so epochale Frage wie die nach der Entstehung des Ackerbaus auf rein rationale Erklärungen zurückgeführt. In dieser rationalistischen Tradition des Denkens stehend, erscheint es uns unerträglich, zu akzeptieren, daß der Mensch den Ackerbau aus Spaß und Lust, das heißt aus rein irrationalen Motiven entwickelt haben soll.

Ich will dies durch ein weiteres Gedankenexperiment deutlich machen: Wenn spätere Generationen herausfinden wollen, warum die Menschen im 20. Jahrhundert wider alle Vernunft Kernkraftwerke gebaut haben, so werden sie dafür keine vernünftige Erklärung finden können; denn wenn man es genau betrachtet, wird man feststellen, daß wir schon heute mit Energie weit überversorgt sind, nämlich so weit, daß wir 75 bis 95 % der Primärenergie verschwenden. Dennoch werden nachfolgende Generationen, falls auch sie so denken sollten wie die

Mehrheit unserer Zeitgenossen, zu dem Schluß kommen, daß wir zwingende Gründe gehabt haben müssen, Kernkraftwerke zu errichten, obwohl wir alles über die damit zusammenhängenden Risiken wußten. Und als »zwingender Grund« kann dann eigentlich nur ein bestehender oder drohender Energiemangel angenommen werden.

Am Anfang der Entwicklung unserer heutigen Zivilisation stand also bereits der erste Schritt in eine falsche Richtung, nämlich hin zur Entwicklung einer energieintensiven Technik. Wenn wir dies begriffen haben, werden wir auch erkennen, daß und wie der Mensch im Laufe der letzten 10 000 Jahre diesen Weg nach und nach verfolgt hat, wobei er sich nicht nur auf ein höheres Energieverbrauchsniveau, sondern auch in immer größere Abhängigkeiten begab, das heißt seine natürliche Umgebung immer mehr schädigen mußte, um das Niveau des Energieverbrauchs entweder zu halten oder zu erhöhen.

Diese Entwicklung ist nicht auf einen Mangel zurückzuführen, ihre Ursachen liegen nicht ausschließlich im Bereich des Rationalen – ebensowenig wie die Konstruktion eines Raumfahrzeuges nicht zwangsläufig das Produkt der rational begründeten Entscheidung eines Wissenschaftlers sein muß, sondern auch die Realisierung einer – im wahrsten Sinne des Wortes – verrückten Idee sein kann. Wenn diese später dazu beiträgt, Satelliten, Waffen oder Menschen in den Weltraum zu transportieren, so wird sie dadurch nicht vernünftiger, sondern schafft sich lediglich nachträglich eine Begründung.

Zahlreiche gängige Theorien haben also einen grundsätzlichen Mangel: Sie versuchen nicht, den jeweils wahren Ablauf eines Geschehens zu erklären, sondern dienen sehr oft als Rechtfertigung des menschlichen Handelns innerhalb der vergangenen 200 Jahre. Denn sämtliche der erwähnten Theorien stammen aus dieser Zeit und haben nur ein Ziel: zu beweisen, daß die Intensivlandwirtschaft im Industriezeitalter die einzige Möglichkeit ist, das Überleben der Menschheit zu garantieren. Die Vertreter dieser Lehre sagen, daß nur durch steigenden Energieeinsatz, durch mehr Kunstdünger, mehr Pflanzenschutzmittel eine Erhöhung der Erträge erreicht werden kann.

Bleibt zu erklären, warum die Menschen den entscheidenden Schritt zur Ackerbaukultur unternahmen. Würde man mit einem Menschen von damals darüber diskutieren können und ihn fragen, warum er eigentlich die schwere und mühevolle Arbeit des Ackerns, Pflanzens, Erntens und Lagerns auf sich nehme, wo er doch bisher mit dem Sammeln und Jagen so große Erfolge gehabt habe und alle Lebensmittel in genügender Menge ohne diesen großen Aufwand zur Verfügung stünden, so hätte man wahrscheinlich die Antwort bekommen, daß im Augenblick zwar noch alles zur Verfügung stehe, es aber sein könne, daß irgendeine Naturkatastrophe den größten Teil der Nahrungsmittel vernichte. Im Augenblick sei das Ganze noch ein sehr neues Verfahren, alles sei noch sehr mühsam, es müßten auch noch einige Maschinen dafür entwickelt und ein Zaun um das Feld errichtet werden. Außerdem müßten das Saatgut verbessert, die Pflanzen, die die Saat beeinflußten, vernichtet werden usw. usw. Wenn aber all diese Anfangsschwierigkeiten überwunden seien, werde er, der Ackerbauer, bald nur noch ernten und nur noch wenig Mühe für den Ackerbau aufwenden müssen. Aber, könnte man entgegnen, der Sammler und Jäger verfüge doch für seine Ernährung über eine Vielfalt von Früchten und Tieren, während der Ackerbauer nur ganz wenige Getreidesorten und noch dazu solche von schlechter Qualität habe. Wahrscheinlich hätte der Akkerbauer irgendwann gesagt, ihm sei die ganze Diskussion zuviel, die Menschen seien eben dumm und würden sich gegen den Fortschritt wehren. Aller Anfang sei schwer. Würden die neuen Verfahren erst einmal funktionieren, brächten sie nachher so hohe Erträge, daß künftig die Sammler und Jäger bei ihm, dem Ackerbauern, Nahrung eintauschen würden. Damit hätte er sich wieder seinem Feld zugewandt und weitergearbeitet. So in etwa könnte es sich abgespielt haben. Die ganze Diskussion würde den Ackerbauern vermutlich sehr verärgern, denn man zweifelt ja an der Fortschrittlichkeit seines neuen Systems. Also blieb ihm nichts anderes übrig, als diese Zweifel zu beseitigen, indem er durchhielt. Er konnte nicht einfach wieder zurückkehren zu den alten bewährten Systemen, da der Mensch ja ein fortschrittliches Wesen ist. Es ging nun nicht mehr darum, günstig Nahrung zu gewinnen oder zu erzeugen, sondern darum, ein System, das entwickelt worden war, durchzusetzen.

So nahm die neolithische Revolution ihren Lauf. Die ersten Ackerbauern hatten natürlich zunächst größere Schwierigkeiten mit ihren Feldern, weil die Pflanzen noch keine guten Ernten erbrachten. Sie mußten also die Anbaugebiete vergrößern und fielen daher zwangsläufig in die Jagd- und Sammelgebiete der Jäger ein, so wie die Siedler in Amerika später in die Gebiete der Indianer. Zum anderen wurde die Nahrung der Ackerbauern eintöniger, denn sie mußten sich auf eine begrenzte Zahl von Nutzpflanzen beschränken. Zu diesen gehörte das Getreide, das relativ schnell rentable Züchtungsergebnisse bringt. Getreide ist aber für die menschliche Ernährung nicht unmittelbar geeignet, sondern muß weiterverarbeitet werden. Der Ackerbauer mußte also ein neues Gerät entwickeln, zunächst einen Mörser, in dem man das Getreide zerstampfte, später eine Mühle, und schon hatte er eine neue Energieverbrauchsform entwickelt. Er brauchte Antriebsenergie. Um diese zu erhalten, mußte natürlich mehr Nahrung erzeugt werden. So entstand ein Prozeß, der eine eigene Dynamik entwickelte: Eine Energieverbrauchsform erzeugt immer eine neue Energieverbrauchsform, sobald man natürliche Beziehungssysteme verläßt. Daraus resultierte eine Kettenreaktion von Verarbeitungsweisen: Das Getreide mußte geerntet, gelagert und konserviert werden. Es mußte transportiert werden, also wurde Transportenergie benötigt. Werkzeuge mußten entwickelt, Schutz- und Lagerräume erbaut, und der Mensch mußte seßhaft werden. Als Sammler und Jäger konnte er je nach Jahreszeit und Nahrungsanfall die Gebiete wechseln, in denen er sich aufhielt; das konnte der Ackerbauer nicht mehr. Dieser mußte für seine Wirtschaftsform ein sehr differenziertes System von Werkzeugen und Einrichtungen entwickeln, die ihn zwangsläufig dort festhielten, wo er seinen Ackerbau betrieb. Er war gezwungen, Häuser zu bauen und zu heizen. Bisher hatte der Ackerbauer aber nichts anderes gewonnen als Nahrung, und die hatte eigentlich der Sammler und Jäger auch. Aber er hatte nun etwas erreicht, was ihn über den Sammler und Jäger hinaushob: Er hatte Vorräte gewonnen, die er für etwas anderes verwerten konnte als nur zum Essen; er hatte Tauschgegenstände, mit denen er für seine erzwungene Seßhaftigkeit Äquivalente schaffen konnte. Die Erlebniswelt des Sammlers und Jägers war jedoch ungleich größer als die des Ackerbauern, der dieses Manko durch materielle Güter kompensieren mußte.

Für all diese Aufwendungen brauchte er Energie. Diese Energie bezog er noch aus dem Naturhaushalt, d. h. als Sonnenenergie. Er begann aber schon, in seiner näheren Umgebung erste Formen des Raubbaus zu entwickeln, und er entwickelte unbewußt die Ideologie des Fortschritts, wobei Fortschritt das ist, was man noch nicht hat, was man aber zu erreichen hofft.

Um Fortschritt zu erreichen, mußte man jedoch arbeiten, d. h. Energie verbrauchen. Und weil die Arbeit immer schwerer und mühsamer wurde – denn man mußte ja erst einmal die Maschinen und Geräte entwickeln und bauen, um das ganze komplizierte System in Gang zu bringen –, suchte man schon bald nach neuen Energiequellen, um sich die selbstauferlegte Arbeit zu erleichtern. Eine weitere Energieform wurde benötigt: Zug- und Transportenergie. Gleichzeitig entwickelte sich die Vorstellung, daß der Ertrag des Bodens durch dessen Bearbeitung steige. Durch die Entwicklung des monokulturellen Ackerbaus wurde jedoch die ursprüngliche Vielfalt der verschiedenen, miteinander lebenden Pflanzen vernichtet und der Nährstoffhaushalt des Bodens entscheidend gestört. Um diesen Mangel auszugleichen, wurde die Bodenbearbeitung durch Hacken und Pflügen und später durch immer stärkere Düngung und Schädlingsbekämpfung intensiviert. Doch je mehr der Boden durch Pflügen aufgerissen wird, desto schwerer wird auch die Arbeit und um so mehr Energie muß pro Jahr aufgewendet werden, um einen gleichmäßigen Ertrag zu erhalten. Durch das Ackern wird die Erdkrume den zersetzenden Wirkungen von Wind und Wasser preisgegeben. Die Erde wird weggeweht und ausgewaschen, und die Nährstoffe gehen verloren. Andererseits kann man große Mengen von Getreide und anderen Monokultur-Früchten nur in geschlossenen Feldeinheiten und durch intensive Bearbeitung ernten. Die Entwicklung des Pfluges ist also eine der verhängnisvollsten Errungenschaften der menschlichen Zivilisation; sie dezimiert den möglichen Ertrag auf allen landwirtschaftlichen Flächen der Erde.

»Die große wirtschaftliche Besonderheit der Indogermanen und der germanischen Völker im besonderen ist das überaus starke Übergewicht der *Pflugkultur*. Nirgends erscheint so einseitig wie hier das ganze wirtschaftliche Dasein auf den Pflug und die damit unzertrennlich verbundene Viehzucht gestellt. Auch jetzt, nachdem der Bestand an Kulturpflanzen aller Art mächtig erweitert worden ist, besteht dieses Übergewicht noch immer fort. Es unterscheidet die Landwirtschaft Europas und seiner Ackerbaukolonien aufs schärfste von anderen Systemen, die zwar den Pflug ebenfalls in sich aufgenommen haben, aber ihm bei weitem nicht dieselbe Vorherrschaft einräumen, vielmehr wie in China zu einer entschieden intensiveren Bodenbenutzung, zur Gartenkultur, fortgeschritten sind. Auch im Volksempfinden lebt, wenigstens beim deutschen Bauernstand, die innige Vorliebe für die Pflugwirtschaft offenbar noch weiter. Alle damit zusammenhängenden Verrichtungen sind mit einer besonderen, zum Teil fast religiösen Weihe umgeben; das Pflügen selbst und namentlich das Säen gehören zu den vornehmsten landwirtschaftlichen Beschäftigungen, an denen sich der Herr des Hofes mit Stolz beteiligt. Am Pflugland hängt das Herz des Bauern, und keine andere landschaftliche Schönheit findet Gnade vor seinen Augen, als die des weiten, ebenen, dem Pflug sich fügenden Ackerlands. Mit obrigkeitlichen Strafen mußten die Bauern im 18. und am Anfang des 19. Jahrhunderts zum Obstbau, der doch so lohnend ist, angehalten werden: Die Bäume waren der regelrechten Pflugfahrt hinderlich. Die feineren Verrichtungen der Obstzucht, wie Pfropfen u. dergl., sind heute noch nicht Gemeingut der bäuerlichen Bevölkerung; sie bleiben besonderer Liebhaberei oder besonderer Gewerbetätigkeit überlassen. Die sonstige Gartenpflege ist Sache der Frauen und Mägde; dem Kornbauern und meist auch seinen Knechten ist solche Arbeit zu gering. Beim Orientalen, der von alters her seinen Ölbaum und seinen Feigenbaum pflanzt, ist das alles ganz anders, und auch in den westlichen Mittelmeerländern ist jetzt der gartenmäßige Betrieb in einem Grade volkstümlich geworden, wie dies nördlich der Alpen höchstens beim Weingärtnerstand der Fall ist.«[2]

Diese Erkenntnis ist nicht neu: Sie wurde bereits 1909 von R. Gradmann formuliert. Hätte Gradmann gewußt, daß uns der intensivste Teil der Pflugfahrt noch bevorstand, hätte er wahrscheinlich seine Aussagen noch drastischer formuliert. Schon Gradmann deutet an, welche Alternative es zu Ackerbau und Intensivlandwirtschaft gibt, was im folgenden noch näher erläutert werden wird.

Der Übergang vom Sammler und Jäger zum Ackerbauern ist für die Entwicklungsgeschichte des Energieverbrauchs der entscheidende Knotenpunkt, an dem sich zwei menschliche Archetypen bildeten. Diese Typen unterscheiden sich grundsätzlich in ihren Energieverbrauchsgewohnheiten, und sie prägen die Zivilisation auch heute noch. Der Ackerbauer, von einer großen Intoleranz beseelt, duldet in der Regel keine »Sammler« und »Jäger« in seiner Umgebung. Deshalb verfolgt er die Sintis, die Stadt- und Landstreicher, er verfolgte die Indianer in Nord- und Südamerika, die Eskimos in Grönland; als Industriearbeiter verfolgt er sogar die Kleinbauern.

Der Sammler und Jäger ist der Typ Mensch, der wenig Energie verbraucht, weil er sie direkt verbraucht, während der Ackerbauer zunächst sehr viel Energie verbraucht, um letztlich Energie zu sparen. In unserer heutigen zivilisierten Gesellschaft ist der »Sammler« und »Jäger« der, der in den Laden an der Ecke geht, dort seine Butter, sein Brot oder seine Glühbirne kauft. Der »Ackerbauertyp« fährt mit seinem Auto in den Supermarkt, kauft dort 10 Pfund Butter, 1 Dutzend Glühbirnen und 4 Brote; Butter und Brot friert er ein. Er zahlt für alles 10,- DM weniger, aber er verbraucht Benzin, Strom und Energie.

An einer weiteren Legende hält man sich verbissen fest, nämlich daß Not und Unterversorung der Antrieb für technischen Fortschritt seien. Sehen wir uns aber die wahren Gründe für diese Entwicklung an, so ist nicht die Unter-, sondern die Überversorgung das Antriebsmoment für die Entwicklung neuer Techniken. Diese These kann für keinen Bereich so gut nachgewiesen werden wie für den der Landwirtschaft, denn wären Hunger und Not Triebfedern für neue technische Entwicklungen, so müßten sämtliche modernen landwirtschaftlichen Methoden heute in den Entwicklungsländern entstehen. Sie kommen aber aus den total überversorgten Industrieländern. Wenn dies nun aber auch nachweislich für andere Bereiche gilt, dann bricht das ganze Begründungssystem für unsere moderne westliche Zivilisation zusammen.

Doch noch einmal zurück zu unserem ersten Ackerbauern der neolithischen Revolution. Wir finden bereits in dieser frühen Phase folgende Energieverbrauchsformen: Antriebsenergie, Transportenergie, Zugenergie, Heizenergie, indirekte Energie zur Herstellung der Werkzeuge, Kühl-, Lager- und Konservierungsenergie, Energie zur Erzeugung der Kleidung und der ersten Luxusartikel, wie z. B. Schmuck. All diese Energie wurde noch durch direkte oder indirekte Sonneneinstrahlung erbracht. Es wurde bereits damals in kleinerem und größerem Ausmaß in den Naturhaushalt eingegriffen, und der Naturhaushalt wurde zum erstenmal durch den Energieverbrauch geschädigt. Das Gleichgewicht wurde regional verletzt, die Bodenerosion in Gang gebracht. Der Mensch wurde dadurch vermutlich erstmals zum Gegner der Natur, über die er sich zu erheben versuchte, indem er sich die Erde untertan machen wollte.

Wenn wir an dieser Stelle noch einmal verharren und zurückschauen, so müssen wir feststellen, daß wir uns den »dummen« Neandertaler, den »primitiven« Peking-Menschen und den »barbarischen« Australopiktus sowie viele andere Urmenschen selbst geschaffen haben, um unsere eigene Unfähigkeit, mit der Natur im Einklang zu leben, zu kaschieren. Wir haben uns den Satz »Steinzeit – nein danke« nicht erst in diesem Jahrzehnt als Autoaufkleber geschaffen, sondern wir hängen an dieser Vorstellung bereits seit 200 Jahren, um den Raubbau der westlichen Industriegesellschaft an den eigenen Ressourcen zu verdrängen.

Nachdem man sich in verschiedenen Kulturen für das schwierige, mühsame und eintönige Leben des Ackerbauern entschieden hatte, entwickelten diese ziemlich schnell größere Organisationseinheiten als die Sammler und Jäger. Diese begnügten sich in der Regel mit Stammesgrößen von 30 Mitgliedern – mit losen, aber sehr differenzierten Organisations- und Lebensformen. Sie bildeten aber nie einen Staat in unserem heutigen Sinne.

Die Umweltzerstörung in der Antike

Der Staatsbegriff ist eindeutig ein Begriff der Ackerbaukultur und führte sehr schnell zu einschneidenden ökologischen Veränderungen auf den jeweiligen Staatsgebieten. Wir wissen heute noch zu wenig über den Untergang der Reiche am Euphrat und Tigris, um diesen eindeutig auf ökologische Ursachen zurückführen zu können. Genauer können wir dies aber inzwischen von den griechischen und römischen Reichen am Mittelmeer sagen. In diesem Raum fand die erste große Umweltzerstörung statt, die auf Energieverbrauch, Raubbau und Intensivlandwirtschaft zurückzuführen ist.

Der Stadtstaat Rom, der heute als Ausgangspunkt der westlichen Stadtzivilisation gilt, stützte sich nach seiner Gründung ausschließlich auf seine Landwirtschaft. Erst durch die Unterwerfung der Etrusker eigneten sich die Römer eine städtische Handwerkskultur an und entwickelten Techniken, um ihre Expansion voranzutreiben. Dazu gehörte vor allem der Schiffsbau.

Italien war zu Beginn der Eroberungsfeldzüge Roms ein äußerst fruchtbares Land mit mildem Klima, die Böden waren gut und der größte Teil des Landes bis in die Höhenlagen mit Laubwald bedeckt. Es gab viel Wild, wasserreiche Flüsse und Bäche mit sehr großem Fischbestand. Auch der Fischbestand des Mittelmeeres war zu dieser Zeit noch überreich, ebenso die Zahl der nutzbaren Pflanzen, wie Obst, Hülsenfrüchte, verschiedene Getreide- und Weinsorten. Der Beginn einer allmählichen Zerstörung dieses fruchtbaren Landes ging einher mit dem Expansionsdrang des Stadtstaates Rom. Für die Kriegszüge mußten zunächst Waffen hergestellt werden, dafür wurde Metall benötigt, das durch Handel mit Nahrungsmitteln erworben werden konnte. Deshalb mußten die Anbauflächen vergrößert und dafür ein Teil des Waldes gerodet werden. Nach der Unterwerfung der Etrusker und anderer Stämme in Italien wurden die Bewohner dieser Gebiete entweder zu Sklaven gemacht oder – falls es sich um bedeutende Heerführer handelte – mit den römischen Bürgerrechten ausgestattet. Infolge des

Wachstums der Stadt Rom mußten immer mehr Grundnahrungsmittel, vor allem Getreide, aus anderen Regionen beschafft werden. Dies führte zu einer Vergrößerung der Getreideanbauflächen auch in weiter entfernt liegenden Gebieten. Nach der Gesamtunterwerfung Italiens dehnten die Römer ihre Eroberungszüge auf immer entferntere Länder im Mittelmeerraum aus. Für diese Kriege wurden vor allem Schiffe und Metall für die Waffen benötigt. Für beides brauchte man Holz, und zwar sehr viel. Dieser ersten Expansionswelle wurde schließlich der gesamte Waldbestand Italiens geopfert. Während man zunächst die flachen Ebenen für die Landwirtschaft gerodet hatte, mußte man das Holz später aus den hügeligeren Gebieten des Appenin holen. Für die Großgrundbesitzer in Italien hatte dies zunächst Vorteile, es stand nun immer mehr gerodetes Land für den einträglichen Getreideanbau zur Verfügung. Dieses Land wurde auch deshalb benötigt, weil in den ehemals gerodeten Gebieten der Ebenen durch Bodenabtrag (Erosion) die Erträge zurückgingen. Diese ökologische Entwicklung hatte jedoch schwere ökonomische und soziale Folgen. Durch Krieg und Ertragsminderung verloren immer mehr kleinere und mittlere Bauern ihr Einkommen, sie mußten ihr Land aufgeben und strömten besitz- und arbeitslos in die Städte. Dort lebten sie auf Kosten des Staates. Gleichzeitig waren die Großgrundbesitzer als Feldherren in den verschiedenen Punischen Kriegen zu riesiger Beute gekommen, die sie nun in Grundbesitz umwandeln konnten, indem sie das Land der verarmten Bauern kauften.

Mit der Vergrößerung des Landbesitzes und der Erschließung neuen Getreidelandes außerhalb Italiens entwickelte sich ein neuer Trend in der Landwirtschaft des Römischen Reiches. Man ging über zu Viehzucht und Weidewirtschaft. Durch den Besitzwechsel von Klein- und Mittelbauern auf Großgrundbesitzer ging dagegen das Fachwissen für einen vernünftigen Landbau immer mehr verloren. Statt dessen versuchten die neuen Besitzer mit möglichst wenig Arbeitskräften, die sie in der Regel aus dem Heer der Sklaven rekrutierten, einen möglichst großen Ertrag zu erwirtschaften. Zu dieser Zeit entstand – noch vor dem ersten technischen Lehrbuch, der *Mechanik* des Vitruv, – eines der ersten Lehrbücher für moderne Intensivlandwirtschaft im agrarindustriellen Stil. Der Verfasser war der berühmte römische Staatsmann Cato der Ältere, und das Werk hieß *De agricultura.* In dieser Schrift über die Gutswirtschaft entwickelte Cato eine ökonomische Methode eines landwirtschaftlich diversifizierten Betriebs mit Olivenbäumen, Obst- und Getreideanbau, Weinbau und Viehwirtschaft. Der Erfolg seiner landwirtschaftlichen Methodenlehre – im ökonomischen Sinne – dürfte nicht zuletzt darauf beruhen, daß er die biologische Düngung propagierte. Mit *De agricultura* kann Cato als Vorläufer der modernen Industrieagrikultur von Nordamerika und Europa angesehen werden. Die Umsetzung dieser Methoden hatte nach wenigen Jahrzehnten eine ähnlich verheerende Wirkung wie heute. Die Bodenerosion und Naturzerstörung schritt rapide voran. Gleichzeitig entstand durch das Wachstum der Städte ein großer Bedarf an Bauholz für die Mietwohnviertel; daneben entstand Bedarf an Brennholz für die immer mehr in Mode gekommenen Thermen (Badeanlagen). In ihrem Drang, den Lebensstandard permanent zu verbessern, begannen die Römer nun die rücksichtslose Kolonialisierung aller Länder im Mediterraneum. Die Grundlage für diese Expansions- und Kolonialpolitik war das Mittelmeer als exzellentes Transportsystem. Zum ersten Mal in der Geschichte der Menschheit wird auf Grund eines hervorragenden Transportsystems und eines riesigen Energieverbrauchs Weltgeschichte gemacht. Vergleichbare Situationen trifft man erst wieder in der expansionistischen Politik Englands, das sich mit Hilfe der Eisenbahn und des Dampfschiffes durchsetzen konnte, sowie in der Eroberung Nordamerikas durch die europäischen Kolonisatoren, denen ebenfalls die Eisenbahn zum Sieg verhalf.

Nach der Zerstörung Italiens exportierten die Römer – durch ihren immer höheren Getreidebedarf – die Umweltzerstörung nach Sizilien, Spanien, Kleinasien und Nordafrika. In Griechenland führten sie die Zerstörung, die bereits von den Griechen begonnen worden war, fort. Nach 400 Jahren römischer Herrschaft im Mittelmeer war der größte Teil der Bewaldung der Hügel und der Ebenen verschwunden. Danach wurde der Ackerboden abgeschwemmt, und in den Bergen blieb der nackte Fels übrig. Mit dem Rückgang des Waldes änderten sich allmählich das Klima und die Vegetation des Mittelmeerraumes. Die starken Regenmassen im Winter wurden vor allem in den mittleren und höheren Regionen nicht mehr von den Bäumen und der Humuserde des Waldes aufgefangen, sondern strömten sofort ins Meer und spülten dabei den Boden mit. Im Sommer fehlte die kühlende und ausgleichende Wirkung der Zedern-, Eichen- und Pappelwälder, die Durchschnittssommertemperatur stieg immer mehr. Die Bergregionen wirkten nicht mehr als große Wasserreservoirs für den Sommer und konnten die Flüsse und Bäche nicht mehr das ganze Jahr über speisen. Mehr und mehr Gewässer trockneten während des Sommers aus. Das führte zwangsläufig zu einer allmählichen Verkarstung der Ebenen.

Diese Entwicklung trieb die Römer – auf der Suche nach Boden und Holz und damit nach Energie – in immer entferntere Gebiete des Mittelmeerraumes und schließlich bis nach Nordeuropa. Auch hierfür mußten immer mehr Schiffe gebaut und zunehmend Wald abgeholzt werden. Das gleiche Spiel wiederholte sich in Frankreich und in England, wobei diese Regionen teilweise verschont blieben, da die Herrschaft der Römer dank ihrer ökologischen Politik langsam zu Ende ging. Allerdings gab es bereits im alten Rom weitsichtige Wissenschaftler und Dichter, die das Problem erkannten. So läßt Vergil in seinem Gedicht *Ins Elend* einen Bauern klagen:

> »Wir aber müssen hinweg: zum dürstenden Afrika diese, / jene nach Skythien oder zum kreidereichen Oaxes / oder ins Land der Britanner, das fern von der übrigen Welt liegt. / Kommt wohl einmal, wie spät auch, der Tag, da noch einmal die Heimat / wieder ich seh; das Rasendach auch meiner ärmlichen Hütte, / und meine Saat – Feld klein aber mein – ich wieder erblicke? / Jetzt hat ein gottloser Söldner mein Feld, das ich liebevoll pflügte, / jetzt ein Barbar meine Ernte. Wie tief hat unselige Zwietracht / unsere Bürger erniedrigt: für solches Volk mußte ich säen?«[3]

Die Gebrüder Gracchus suchten eine Landreform durchzusetzen, mit der eine Höchstgrenze für Grundbesitzer eingeführt werden sollte, um den Klein- und Mittelbauern eine Existenzgrundlage zu erhalten. Wie aktuell dies auch für uns heute wäre, es war vergebens. Die Großgrundbesitzer setzten sich durch, Gaius und Tiberius Gracchus wurden ermordet.

Im Gleichklang mit der Zerstörung des Bodens entwickelte sich die allgemeine Landschaftszerstörung. Dies führte dazu, daß immer mehr Menschen die Befriedigung ihrer natürlichen Bedürfnisse nicht mehr im Erleben der Natur fanden und die Freizeit organisiert werden mußte.

In den Städten entstanden riesige Arenen für sportliche Veranstaltungen und zahlreiche, immer größere Thermen. Die römischen Herrscher versuchten, durch »Brot und Spiele« die entwurzelten Volksmassen in den Städten ruhig zu halten. Die Städte selbst wurden zu steigendem, schmarotzerhaftem Energieverbrauch angehalten. Denn alles, was die wachsenden Stadtkulturen verbrauchten – Getreide, Holz, Baumaterialien, Metalle – mußte auf dem Land erzeugt werden und mit Hilfe der Schiffe von weit her, aus den Kolonien, herbeigeschafft werden. So entwickelte sich der Fernhandel mit seinem großen, unnötigen Energieverbrauch. Gleichzeitig sank das soziale Prestige des Landlebens, und die Bauern strömten in die Städte. Das Anwachsen des Stadtproletariats, die immer schwierigere Versorgungslage, die ökologischen Probleme bei der Entsorgung, die großen Viertel mit den Mietskasernen, die heißen Sommer und die regenreichen Winter sowie viele andere Faktoren führten immer häufiger zu Teilzusammenbrüchen des bürokratischen Systems der Römer. Sie, die eine ähnlich straff organisierte Verwaltung aufgebaut hatten wie die heutigen Industrienationen, konnten die Vielzahl der Krisen nicht mehr lösen.

Nach und nach wurde auch die Hauptstütze des römischen Herrschaftssystems, das Heer, von der allgemeinen Krise erfaßt. Die ökologische Krise zeigte ihre psychologische Wirkung in der Desorganisation des Staatswesens. Nach der äußeren Umweltzerstörung folgte die Zerstörung der sozialen Ordnung. Das Römische Reich brach zusammen.

Die gängige Theorie, wonach das Römische Reich durch die Völkerwanderung und die anbrandenden Horden der Germanen und anderer nordeuropäischer Völker erobert worden sei, halte ich für falsch. Als diese Völkerschaften in das Römische Reich einfielen, hatte dort der innere Zusammenbruch längst stattgefunden.

Wir besitzen eine ausgezeichnete Darstellung der Zustände Griechenlands um 200 v. Chr. von dem Reiseschriftsteller Pausanias aus Kleinasien. Liest man diese Beschreibung genauer, so findet man unschwer heraus, daß Pausanias schon damals ein zerstörtes Land beschreibt. Kaum eine Stadt in Griechenland hatte noch ihre ursprüngliche Einwohnerzahl. Kaum ein Gebäude war noch in einem funktionsfähigen Zustand. Die Kunstschätze waren geraubt bzw. zerstört, die Dächer kaputt. Wenn Pausanias einmal auf eine größere zusammenhängende Waldfläche traf, so erwähnt er sie ausdrücklich, d. h., es war eine Besonderheit, noch zusammenhängenden Wald zu finden. Dasselbe gilt für Quellen, Flüsse und Bäche.

Der Zustand Italiens war im Vergleich zu Griechenland wahrscheinlich noch schlimmer. Eine intensivere Auswertung von alten Reisebeschreibungen und ähnlicher Literatur wird mit Sicherheit noch für viele Überraschungen sorgen.

Die Auswirkungen auf die zahlreichen Kolonien der Römer, die schon früh in diesen tödlichen Kreislauf eingebunden waren, sind überall gleich. Vor allem Griechenland, das während seiner ersten Blütezeit bereits in kleinerem Maßstab mit der Waldzerstörung begonnen hatte, war von den Folgen der römischen Politik betroffen. Aber auch

Spanien, Nordafrika und Teile Kleinasiens mußten den größten Teil des Waldbestandes, des Bodens und der Oberflächengewässer opfern. Kurz, der gesamte Mittelmeerraum wurde weitgehend entwaldet, die Mittelgebirge verloren ihre Humusschicht, und nur die großen Ebenen, die Tiefebenen und einige wenige Flußtäler waren in dieser Region künftig noch für den Ackerbau geeignet. Von dieser Katastrophe hat sich die gesamte Region bis heute nicht mehr erholt.

Nach dem Zusammenbruch des Römischen Reiches infolge der ökologischen Krise wurde die Region im Laufe der nächsten 1500 Jahre zum Durchwanderungsland für nordeuropäische und asiatische Völker. Während dieser Zeit wurde aber niemals der systematische Versuch unternommen, wenigstens einen Teil des Gebietes wieder aufzuforsten. So wurde auch die letzte Humusschicht in die Tiefebenen geschwemmt. Den Rest besorgten die Ziegen, die auch heute noch die zaghaften Versuche der Natur, das Gebiet wieder zu begrünen, systematisch zunichte machen. So finden wir heute nur noch in den Tiefebenen fruchtbare Gebiete. Ein Teil des Bodens konnte jedoch durch das Anlegen von Terrassen gerettet werden. Auf diesen terrassierten Böden, die gleichsam die erste Form einer angepaßten Technologie darstellten, sorgte das nun wesentlich wärmere Klima stellenweise für durchaus einträgliche landwirtschaftliche Bedingungen. Dies wurde dadurch begünstigt, daß das wärmere Klima half, Heizenergie zu sparen. Für eine Übergangsphase erblühte noch einmal Leben auf diesen Ruinen.

Dieser letzte Hoffnungsschimmer für die ehemals größte Kulturlandschaft dieser Erde wird nun durch die industrielle Agrarwirtschaft der EG endgültig zerstört. Immer mehr Kleinbauern in Griechenland, Italien, Spanien und der Türkei verlassen ihre Besitzungen und fügen damit unbewußt dem Land große Schäden zu, denn nur die Pflege der Terrassen und Felder könnte die letzten Humuskrumen noch retten. Als Nachfolger des Römischen Reiches und im Rahmen einer großen europäischen Gemeinschaftsaufgabe treten wir damit das Erbe der Römer »würdig« an. Wir führen die Vernichtung der Wälder, Böden, Flüsse und Seen des Mittelmeerraumes mit mechanischen und chemischen Mitteln fort, und wir fügen dem Ganzen ein neues Element hinzu: Durch die Anreicherung des Meeres mit Schwermetallen und vor allem mit den Rückständen der Öltransporte erreichen wir, was den Römern noch nicht gelang: Durch unseren Energieverbrauch werden wir innerhalb von 50 Jahren auch das Meer in eine tote Kloake verwandelt haben, die dann nicht einmal mehr für die Touristen zum Baden taugen wird.

Die Nachfolger der Römer im Mittelmeerraum übernahmen weder

deren zentralistische Staatsform, noch ihre Technik noch das neue, große Transportsystem, die Schiffahrt. Ihre anarchistische Kleinstaaterei brachte den größten Teil des Handels zunächst zum Erliegen. Dadurch wurde der Energieverbrauch reduziert. Weil durch die vielen Kriege auch die Bevölkerung alarmierend zurückging, konnte sich, so makaber dies auch klingen mag, die Umwelt teilweise erholen, wenn auch die Waldzerstörung nicht mehr rückgängig zu machen war. Erst im Mittelalter, das mit neuen Stadtkulturen und zentralistischeren Tendenzen eine Erhöhung des Energieverbrauchs mit sich brachte, wurde für einen längeren Zeitraum erneut der Teufelskreis der ökologischen Zerstörung in Gang gesetzt.

Diese neue Phase der Waldzerstörung wurde durch die großen Seuchen der Zeit wie Pest und Cholera, aber auch durch zahlreiche Kriege bis hin zum 30jährigen Krieg gestoppt. Die Landwirtschaft jedoch wurde in ihrem Energieverbrauchsverhalten von alldem sehr wenig beeinflußt und unterschied sich bis zur Mitte des vorigen Jahrhunderts kaum von der Landwirtschaft der Römerzeit. Zwar hatten sich die Zugleistungen immer mehr auf die Tiere verlagert, und auch die Veredelungsarbeit, d. h. das Mahlen des Getreides, wurde zunehmend von Tier-, Wasser- und Windkraft übernommen, doch die Landwirtschaft blieb ein rein sonnenenergetisches System, und schwerer Raubbau im Bereich der regenerierbaren Energie blieb die Ausnahme. Dennoch gilt gerade diese Zeit als die Zeit der größten Hungersnöte. Deshalb ist es besonders wichtig zu erkennen, daß diese Hungersnöte nicht auf die unterentwickelte Form der Landwirtschaft, sondern auf völlig andere Gründe zurückgehen.

Im Mittelalter gab es weder Landarmut noch große klimatische Katastrophen. Die Hungersnöte wurden verursacht durch die Landverteilung, den Landbesitz, das Abgabewesen, das Jagdwesen des Adels und die vielen Kriege, die permanent die Landwirtschaft schädigten, weil durch sie die Pflege des Ackerbodens nicht mehr gewährleistet war. Die Nährstoffe wurden ausgewaschen, der Boden lag zu lange brach und bot Wind und Wetter Angriffsflächen, denn der Kreislauf von Nährstoffentzug und Düngung wurde permanent unterbrochen; die erwirtschafteten Erträge wurden immer ungleicher verteilt bzw. teilweise sofort geraubt oder vernichtet. Dies ist deshalb wichtig, weil gerade die katastrophalen Zustände im Mittelalter für uns Heutige die Begründungsschemata der Intensivlandwirtschaft abgeben. Die Not der Bauern im Mittelalter, die Bauernaufstände und die schlechte Versorgung mit Nahrungsmitteln sind Begründungen für Technikeinsatz, Energieverbrauch, Kunstdünger und schadstoffhaltige Mittel.

Von besonderer Bedeutung für das Problem Landwirtschaft und Energie ist die Entwicklung der Landbauwissenschaft als Grundlage der modernen industriellen Agrartechnologie. Ab 1800 nimmt diese Entwicklung einen sehr kontinuierlichen Verlauf. Zunächst waren in Deutschland die Erträge im Schnitt nicht höher als heute in vielen Ländern der Dritten Welt. Aber am Ende des Jahrhunderts hatten sich die Erträge verdoppelt, und sie verdoppelten sich noch einmal bis zum Jahre 1950. Diese Ertragssteigerungen wurden fast alle mit rein mechanischen Mitteln erreicht. Zu diesen Mitteln gehörten vermehrte und verbesserte biologische Düngung, verbesserte Bodenbearbeitung, Verwendung immer besserer und größerer Pflüge, Beginn der systematischen Züchtung von Pflanzen und Tieren und der Trend zu hochentwickelten Maschinen, zu größeren Flächen und zu mehr Mechanisierung. Untersucht man diese Methoden im einzelnen, so handelt es sich samt und sonders um biologische Methoden, und selbst die Maschinen werden noch weitgehend von Tieren bewegt und gezogen. Zu berücksichtigen ist dabei noch, daß sich die Arbeitsbedingungen der Beschäftigten im Durchschnitt verbesserten, zum Beispiel durch die Einführung von Sitzpflügen und anderen beschäftigungsfreundlichen Systemen. Die Landwirtschaft wurde zwar intensiviert, aber noch nicht generell von Fremdenergie bestimmt. Alle benötigte Energie resultierte bis 1950 fast ausschließlich aus Sonnenenergie. Trotzdem erkennt man bei genauerem Hinsehen, daß viele Elemente, die die Landwirtschaft im vorigen Jahrhundert belebten, den Trend zur industriellen Entwicklung in der Landwirtschaft beschleunigten. Dieser Trend geht beim Düngen immer mehr von der energetisch billigen und ökologisch vernünftigen Grün- und Stallmistdüngung hin zum Kunstdünger, der heute fast ausschließlich benutzt wird. Die intensivere Bodenbearbeitung mit leistungsstarken Pflügen reißt den Boden immer weiter auf und führt zu steigender Bodenerosion. Dadurch wird die Humusschicht zerstört und in die Mikrostruktur der Böden – bestehend aus Pilzen, Bakterien und Kleintieren, vor allem Regenwürmern – eingegriffen. Das verändert wiederum den Wasserhaushalt der Pflanzen und Böden und führt zur Austrocknung. Die Folgewirkung der starken Pflugbearbeitung sind immer festere Böden, so daß wir heute schon bei einem 12-Scharen-Großpflug und einem Traktor, der mindestens 150 PS haben muß, angelangt sind.

Die weiter vorangetriebene Züchtung von Pflanzen hat mehrere verhängnisvolle Folgen. Die Anzahl der Arten wird immer weiter reduziert; dies führt zu Monokulturen und zur Ausbreitung spezifischer

Pflanzenschädlinge. Jedoch nur die natürlichen Lebensgemeinschaften bzw. Symbiosen der Arten erhalten das Gleichgewicht im Boden und bringen gleichzeitig eine maximale Nutzung der vorhandenen Nährstoffe. Die Landwirte werden auf Grund der Konzentration auf immer weniger Sorten stark abhängig von Krisen beim Absatz ihrer Produkte und bei der Bekämpfung von Schädlingen. Die Überzüchtung der Tiere mit dem Ziel einer höheren Ertragsleistung hatte ähnliche Folgen wie die Reduzierung der Vielfalt der Pflanzen. Die Schlacht- und Milchtiere wurden mehr und mehr zu reinen Fleisch- und Milchfabriken und verloren damit ihre eigentliche Funktion als Futterverwerter, Abfallnutzer und Düngemittelproduzent. Die natürliche Kreislaufwirtschaft, die die einzig vernünftige landwirtschaftliche Produktionsmethode darstellt, wurde im 19. Jahrhundert endgültig in die einseitige Richtung der Spezialbetriebe gebracht.

Dabei scheint es uns heute müßig, den hochgelobten Berliner Reformern Liebig und Teer Vorwürfe zu machen. Sie wollten natürlich nur das Beste für die Landwirtschaft. Aber wollten sie das wirklich, konnten sie es nicht besser wissen?

> »Die Landwirtschaft ist ein Gewerbe, welches zum Zweck hat, durch Produktion vegetabilischer und tierischer Substanzen Gewinn zu erzeugen . . . Die rationelle Lehre von der Landwirtschaft muß also zeigen, wie der möglichst reine Gewinn unter allen Verhältnissen aus diesem Betriebe gezogen werden könne . . .«[4]

Die Forderung von A. Teer zeigt eindeutig, in welche Richtung der Trend ging. Für Tradition war da kein Platz mehr und für Ökologie schon gar nicht. Am Ende dieser Entwicklung gibt es nur noch Weizen für die menschliche Ernährung und als Nutzvieh Schweine, Rinder und Hühner, die von Mais leben.

All diese Tendenzen der modernen Landwirtschaft waren also schon im 19. Jahrhundert angelegt. Es fehlte aber noch ein wesentliches Element: die Mechanisierung. Zwar finden wir bereits Vorformen der Mechanisierung, aber nur in Verbindung mit Zugtieren. Sämtliche Methoden der mitteleuropäischen Landwirtschaft im 19. Jahrhundert sind also noch als sonnenenergetische Methoden anzusehen, weisen aber eindeutig frühindustrielle Strukturen auf, die die Landwirtschaft ökologisch immer mehr verarmen lassen. Die Umwandlung des Ackerbaus in eine Agrarindustrie mit Hilfe der Mechanisierung kommt aus Nordamerika. Um dies zu verstehen, müssen wir uns kurz mit der Besiedlung Nordamerikas durch die Europäer befassen.

Nordamerika war noch am Ende des Unabhängigkeitskrieges, 1783, ein sehr dünn besiedeltes Land. Die Indianer hatten das Land in der Regel nicht bewirtschaftet, sondern nur als Sammler und Jäger gelebt. Die Beschreibungen der sogenannten Pionierzeit lassen noch erahnen, daß das weite Wald-, Prärie- und Wüstenland damals in einem stabilen, ökologischen Gleichgewicht stand.

Vom indianischen Sammler und Jäger zur Agrarfabrik

Ende des 18. Jahrhunderts war Nordamerika vermutlich das fruchtbarste Land, das je auf dieser Erde existiert hat. Durch behutsame Besiedlung und ökologische Landwirtschaft wäre daraus mit Sicherheit ein riesiger blühender Garten geworden. Statt dessen brachen die Siedler aus Europa – mit ihrer Sucht nach Reichtum und Landbesitz – mit unglaublicher Brutalität in die Natur ein und zerstörten innerhalb von 200 Jahren einen ganzen Kontinent. Nach der ersten Besiedlungswelle durch Fallensteller (Trapper) und Waldläufer, die noch ein Neben- bzw. Miteinander mit den Ureinwohnern, den Indianern, suchten, folgte die zweite Besiedlung der Ranchers und Squatters. Sie begannen mit der Feuerrodung und Tierhaltung. Die Ranchers waren Viehzüchter, die ihre Herden auf den weiten Prärien weiden ließen. Da sie sich von Anfang an relativ große Viehherden hielten, führte dies zu Auseinandersetzungen mit den Sammler- und Jägergesellschaften der Indianer.

Die Viehhaltung war von vornherein nicht nur auf Eigenversorgung ausgerichtet, sondern darauf, möglichst schnell große Gewinne zu erzielen. Darüber hinaus wirkten die Indianer durch ihr nomadenhaftes Leben provokativ auf die seßhaften europäischen Einwanderer. Auch hier finden wir wieder die Kontroverse zwischen den Sammlern und Jägern und den Ackerbauern; deren Intoleranz duldete ein friedliches Nebeneinander beider Lebensformen nicht, obwohl mit Sicherheit genügend Raum und Nahrung für beide vorhanden gewesen wäre.

Durch die Überlegenheit ihrer Geräte und Waffen und getrieben von ihrer Fortschrittsideologie trugen die Siedler den Sieg über die vermeintlich rückständigen »Wilden« davon. Dieser Sieg war der Beginn der Umwandlung Nordamerikas in ein riesiges Farmland. Denn die Ranchers hatten als Viehzüchter keinen langen Nutzen von den großen, freien Prärien.

Nun kamen mit der dritten Besiedlungswelle die Farmer. Das Land wurde wie ein riesiges Schachbrett aufgeteilt, an Spekulanten verkauft und dann mit geliehenem Geld von den Farmern erworben. Die Siedler aus Europa, die in der Regel noch die viel kleinteiligeren Flächen und Regelkreisläufe des Bauernhofes kannten, glaubten an den Neuanfang einer fortschrittlichen, profitbringenden Landwirtschaft mit großen Flächen, wenigen und spezialisierten Produkten – wie Weizen, Mais oder Baumwolle –, ohne die Zwänge staatlicher Gesetzgebung.

Während dieser drei Besiedlungsphasen wurden allein in Nordamerika innerhalb kürzester Zeit 30 Millionen Bisons regelrecht abgeschlachtet. Das heißt, schon am Anfang der Besiedlung Nordamerikas steht ein riesiger Raubbau an regenerierbarer Energie: Wald und Wild. Damit wurde den Sammler- und Jägergesellschaften der Indianer abrupt die Lebensgrundlage entzogen. Die Reste ihrer Gesellschaften wurden brutal ermordet. Nach diesem barbarischen »Sieg« fehlten aber zunächst nicht nur die Absatzmärkte für die Produkte, sondern auch Arbeitskräfte. Das führte zu einer ersten großen Pleitewelle unter den Farmern, die letztendlich die Konzentration des Landbesitzes und eine stärkere Kapitalbildung nach sich zog. Die Probleme, die sich durch fehlende Absatzmärkte und Arbeitskräfte ergaben, wurden nun durch stärkeren Energieeinsatz gelöst.

Eisenbahn und Dampflokomotive wurden zum Symbol des Fortschritts der amerikanischen Industrielandwirtschaft. Durch die transkontinentale Eisenbahn konnten die Märkte im dichter besiedelten Osten und durch das Dampfboot diejenigen in Europa erschlossen werden. Fehlende Arbeitskräfte wurden durch mechanische Geräte ersetzt.

Die Zeit um die Mitte des vorigen Jahrhunderts ist also der Beginn des Einsatzes von Fremdenergie in der amerikanischen Landwirtschaft und der Anfang einer Entwicklung, bei der mit steigendem Energieeinsatz eine Erhöhung der Erträge und gleichzeitig ein immer stärkerer Abbau der Arbeitskräfte erreicht wurde. Dabei wurde auch diese erste Mechanisierungswelle in Nordamerika noch durch tierische Zugkraft eingeleitet. Die ersten Mäher von Wood und Mc. Comic wurden noch von zwei Pferden gezogen, und von diesen Maschinen wurden bereits ab 1840 Zehntausende gebaut. In rascher Folge wurden nun Mähbinder, Grasmähmaschinen und Heuwender entwickelt. Sie wurden zunächst noch im Pferdebetrieb, von Göpeln, später, wenn auch erst zögernd, von Dampflokomobilen betrieben. In den siebziger Jahren des 19. Jahrhunderts gab es bereits die ersten Selbstbinder, die das Getreide in einem Arbeitsgang schnitten und banden.

Mähdrescher, an deren Entwicklung man bereits seit 1836 arbeitete, wurden ab 1880 in Kalifornien eingesetzt. Es waren schon damals riesige Maschinen mit breiten Schneiden, die von ca. 50 Pferden gezogen werden mußten. Die Mechanisierung der amerikanischen Landwirtschaft war also in ihren Grundzügen bereits vollendet, als die Dampf- und Verbrennungskraftmaschinen zu arbeiten begannen. Viele weitere wichtige Instrumente bei der Industrialisierung der Landwirtschaft wurden noch ohne fossilen Energieverbrauch entwickelt.

Jenseits des 100. Längengrades entstand jedoch für die Siedler – nach Vernichtung der Büffel und der Niedermachung des Präriegrases – ein unüberwindliches Hindernis: Die Trockenheit ließ die Ernte verdorren, und die Pflüge waren zu schwach, um den Boden aufzureißen. John Dery konstruierte 1837 für diese Zwecke den Ganzstahlpflug. Als Antriebsmotoren für Wasserpumpen wurden europäische Windmühlen weiterentwickelt. Diese Windmotoren haben für die Erschließung des amerikanischen Westens eine ähnliche Bedeutung wie die Windmühlen für die Landgewinnung in den Niederlanden ab 1700. Waren es aber in Holland noch wenige tausend Windmühlen, so wurden in Amerika 2 Millionen dieser Windmotoren gebaut und eingesetzt. Sie versorgten als dezentrale Energiequellen die weit auseinander liegenden Farmen mit billiger, zuverlässiger Energie und verrichteten neben Pumparbeit und Bewässerung bald auch viele andere Arbeiten, wie Dreschen, Häckseln, Schneiden usw.

Obwohl diese erste und umfassende Mechanisierung nur mit Sonnenenergie erreicht wurde, führte sie durch ihren großflächigen Einsatz und ihre widernatürlichen Methoden zu weit größeren ökologischen Krisen als der, die die Abholzung des Mittelmeerraumes nach sich zog. Nie zuvor in der Geschichte der Menschheit haben so wenige Menschen eine so umfassende ökologische Vernichtung angerichtet. In den ersten 50 Jahren der Siedlungs- und Mechanisierungsphase wurde der größte Teil der Ureinwohner ausgerottet. Fast die gesamte ursprüngliche Klein- und Großtierwelt wurde vernichtet und durch europäische Zuchttiere – wie Rind und Schwein – ersetzt. Neben Millionen von Büffeln und Pelztieren wurden auch Milliarden von Kleinlebewesen dem brutalen Gewinnstreben nur weniger Millionen Einwohner geopfert. Dabei erwies diese erste Siedlungsgeneration sich und ihren Nachkommen einen »Bärendienst«: Dieser Raubbau an der Natur führte dazu, daß bis 1930 etwa die Hälfte des nordamerikanischen Mutterbodens durch Bodenerosion abgetragen und ins Meer gespült wurde. Die Gründe dafür waren die Zerstörung der Humusschicht durch zu große mechanische Einwirkungen, falsche Anbaumethoden, Entzug der

Nährmittel und zu lange Brachzeiten, in denen der Boden ausgelaugt wurde. Während vorher die Wald- und Präriegräser und die Bäume den Boden festhielten, konnten Wind und Regen die Ackerkrume wegschwemmen, auswaschen und das fruchtbare Land in ein Dürregebiet verwandeln. Es ist deshalb gar nicht erstaunlich, daß es in der Folge dieser Entwicklung zu periodischen Dürrekatastrophen mit gewaltigen Ernteverlusten und Wirtschaftskrisen in Nordamerika kam.

Der Konkurrenzdruck auf dem Weltmarkt für Getreideprodukte zwang die amerikanischen Farmer im 19. und zu Anfang des 20. Jahrhunderts zu einer stetig steigenden Mechanisierung. Diese wurde durch die Nutzung von Dampfmaschinen und Verbrennungskraftmaschinen erreicht sowie durch die Einführung des Traktors. Es war Henry Ford I., der 1916 einen leichten, vielseitigen Schlepper mit 20 PS und Vierzylindermotor konstruierte und mit dieser Erfindung die Massenmotorisierung in der Landwirtschaft einleitete. Innerhalb von vier Jahren produzierte Ford 100 000 Traktoren und verkaufte sie. Dies war der entscheidende Schritt von der Sonnenenergie zur fossilen Energie.

Der Verbrauch nichtregenerierbarer Energie steigerte sich nun exponential. Neben den Einsatz von Maschinen traten sehr schnell die Verwendung von Kunstdünger und Schädlingsbekämpfungsmitteln, was mit einem steigenden Energieverbrauch einherging. Die amerikanischen Farmer verfolgten zwei Ziele parallel: die Erträge zu steigern und dabei die Arbeitskräfte zu reduzieren, um Kosten zu sparen. Im Hintergrund dieser Ziele stand der enorme Preisdruck, der durch die Überproduktion verursacht wurde. Denn je mehr die Farmer produzierten, desto größer wurde der nationale Überschuß, der nun auf dem Weltmarkt – das war damals vor allem Europa – abgesetzt werden mußte. Die Mechanisierungsspirale zwang die Farmer zum Kauf immer neuerer und größerer Maschinen und damit zu einem höheren Einsatz von Energie. Finanziert wurde das Ganze durch Kredite. Spekulationen und die Hoffnung auf wachsende Gewinne heizten sich gegenseitig an und trieben viele amerikanische Farmer in die Abhängigkeit von Banken und endgültig in den Ruin, als am 24. 10. 1929, dem sog. »Schwarzen Freitag«, das gesamte amerikanische Wirtschaftssystem zusammenbrach.

Es folgte eine mehrjährige Rezession. Viele kleine und mittlere Farmer mußten ihren Landbesitz an Großgrundbesitzer verkaufen, und es entstanden Riesenfarmen (s. Giedion, S. 195). Diese Vergrößerung der Landflächen intensivierte den Maschineneinsatz, erforderte stärkere Maschinen und mehr Kunstdünger und Schädlingsbekämpfungsmittel. Die Betriebe spezialisierten sich auf einzelne Produkte, wodurch immer größere Monokulturen entstanden. Nordamerika wurde zum Weizen-, Mais-, Schweine-, Rinder- und Hühnerland. Die Produktvielfalt der Landwirtschaft verarmte, bevorzugte Nahrungsmittel wurden Steak und Toastbrot.

Inzwischen hatte die Mechanisierung der Landwirtschaft auch die Mechanisierung der Veredelung von landwirtschaftlichen Produkten nach sich gezogen. Diese ergriff zuerst Back- und Fleischwaren, später Obst- und Gemüsewaren. Bereits Mitte des vorigen Jahrhunderts wurden in Amerika mechanische Knetmaschinen sowie Backöfen mit Durchlaufbändern und Endlosbackvorgängen eingeführt. Die amerikanischen Großbrotfabriken entstanden. Das für die Toastbrotherstellung benötigte weiße Mehl wurde von den Walzenstühlen der Großmühlen geliefert, und die Mehlherstellung wurde weiterentwickelt, bis man feinstes Weizenauszugsmehl gewinnen konnte. Nun mußte die Produktion der Brote rationell durchorganisiert werden. Deshalb wurden dem Teig chemische Zusätze beigemengt. Das Brot mußte maschinengerecht geformt werden, und es wurde gleichmäßig geschnitten. Doch nicht nur bei den Amerikanern wurde Toastbrot immer beliebter – bald schon produzierte man es überall in der Welt. Ein Lebensmittel ohne Geschmack und mit wenig Nährstoffen – nur noch gedacht als dezente Unterlage für gekochte, gebratene oder verrührte Eier – wurde die Hauptzutat für das künftige Welteinheitsfrühstück.

Die Herstellung von Toastbrot ist von Anfang an infolge des durchrationalisierten Produktionsablaufs durch einen hohen Bedarf an Fremdenergie gekennzeichnet. Es wird dafür Kohle, Gas und Elektrizität benötigt. Der Energieverbrauch wird zum Selbstzweck, das Produkt degeneriert vom Lebensmittel zur vorgefertigten Einheitspampe.

Später weitet sich die Mechanisierung auch in der Fleischverarbeitung aus. Auch dabei wurde Nordamerika zwangsläufig zum Vorreiter. Die großen Rinderbestände im mittleren Westen der USA konnten dort weder verkauft noch verarbeitet werden. Die Märkte lagen im Osten des Landes und in Europa. Die Produktion war auf einen ungeheuren Überschuß angelegt, also mußte das »Material« auf irgendeine Weise in den Osten und von dort über den Ozean transportiert werden. So begann sich ab 1820 in Cincinnati die amerikanische Fleischindustrie zu entwickeln. Der Ort wurde gewählt, weil er am Ohio lag und die Rinder bis dorthin getrieben werden konnten. Der Weitertransport des Fleisches konnte dann über den Fluß erfolgen. In der Cincinnati-Phase ging man mit dem Fleisch absolut verschwenderisch um. Nur die wertvollsten Teile der Rinder wurden verwendet, der Rest wurde einfach in den Fluß gekippt, so daß der Fluß von Blut und Fleischresten geradezu dampfte. Obwohl in diesem ersten großen Zentralschlachthof Amerikas noch Kühlmöglichkeiten fehlten, waren der Schlachtprozeß und die Weiterverarbeitung bereits automatisiert. Das Fleisch wurde entweder verpackt oder gleich zu Konserven verarbeitet. 1875 entwikkelte J. A. Wilson die Methode, das Fleisch zu kochen, zu pressen und in Dosen zu konservieren. Das Produkt in den charakteristischen pyramidenförmigen Dosen nannte er Corned beef.

Der endgültige Durchbruch der automatisierten und mechanisierten Weiterverarbeitung der Fleischmassen des nordamerikanischen Kontinents gelang mit der Konstruktion des Eisenbahnkühlwaggons. Nach 15 Jahren Entwicklungszeit traf 1882 der erste Waggon mit billigem Rindfleisch aus Chicago in New York ein. Von dort konnte das Fleisch dann mit Kühlschiffen nach Europa transportiert werden. Nach und nach wurden nun immer mehr landwirtschaftliche Produktions- und Veredelungsbereiche mechanisiert und automatisiert und die Produkte in Einheitsangebote verwandelt. Die entscheidende Rolle spielte dabei die Energie, deren Verbrauch als Vermarktungsproblem angesehen wurde. Erst vor diesem Hintergrund ist zu verstehen, warum ein ganzes Volk aus Aluminiumdosen Coca-Cola trinkt, Fertigkaffee konsumiert, das geschnittene Brot aus der Packung ißt und den Hamburger aus der Styroporverpackung als gastronomische Spezialität akzeptiert.

Die Entwicklungsgeschichte der amerikanischen Landwirtschafts- und Lebensmittelindustrie ist keine Geschichte von Hungersnöten, sondern von Überflußproduktionen, keine Geschichte von Bauern, sondern von Industriellen. Es ist der Beginn der Massenproduktion und des Massenenergieverbrauchs, es ist die Geschichte der Automaten, nicht der Handarbeit, und es ist die Geschichte der Wegwerfprodukte. – Letztlich ist es die Geschichte der totalen Umweltzerstörung.

Die Situation der amerikanischen Landwirtschaft ist in ihrer kurzen Entwicklung von Gegensätzen geprägt. An die Stelle der kleinen Familienindustriefarmen des vorigen Jahrhunderts treten in diesem Jahrhundert Agro-business-farms mit modernem Management, computergesteuerten Fütterungs- und Ablaufsystemen und einem riesigen Maschineneinsatz auf wachsenden Flächeneinheiten. Die Viehzucht wird in Stückeinheiten mit bis zu 100 000 Rindern betrieben. Das ist natürlich nur mit Hilfe von programmierter, vollautomatischer Fütterung, Klimatisierung und vollautomatischem Gülleabtransport möglich. Dieselben Bedingungen gelten beispielsweise auch für die Hühner- oder Schweinehaltung. Angesichts dieser Lage scheint es kaum glaubhaft, daß die Farmindustrie heute die größte Krise ihrer Geschichte durchmacht. Die Farmer sind mit 214 Milliarden Dollar verschuldet, und schon 1988 werden mindestens 10 % der Betriebe für immer schließen müssen. Die von Farmern bevorzugte Bank of America machte im zweiten Quartal 1985 einen Verlust von 600 Mio. Dollar und steht inzwischen kurz vor der Pleite. Trotzdem steigt die Überproduktion immer mehr, während die Weltpreise für Weizen sinken, so daß die kleineren Betriebe immer größeren Existenzzwängen ausgeliefert sind. In dieser Krise, die allein durch die Marktlage hervorgerufen wird, zerstört der intensive Maschineneinsatz auch noch weiter die Böden. Die Aussichten für Strukturveränderungen dieses größten Landwirtschaftsgebietes der Erde sind schlecht. Amerika kennt die Tradition der kleinteiligen Landwirtschaft kaum, sondern richtete seine Planung immer auf riesige Erzeugungsmengen aus. Die voranschreitende Konzentration der Betriebe steigert den Energieeinsatz kontinuierlich. Dies wird den Boden zwangsläufig weiter zerstören und die Qualität der Produkte stetig senken. Das hat schon 1944 George Orwell erkannt, der in seinem Essay *Kreativität und Lebensqualität* schrieb:

> »Die Technisierung der Welt könnte nie sehr weit fortschreiten, solange der Geschmack, ja nur die Geschmacksknospen der Zunge, unverdorben blieben, weil die Produkte der Maschine in dem Fall einfach unerwünscht wären. In einer gesunden Welt bestünde kein Bedarf an Konserven, Aspirin-Tabletten, Grammophonen, Gasrohrstühlen, Maschinengewehren, Tageszeitungen, Telefonen, Autos usw., usw.; dagegen bestünde ein ständiger Bedarf an Dingen, die die Maschine nicht herstellen kann. Aber inzwischen ist die Maschine da, und ihr verderblicher Einfluß ist beinahe unwiderstehlich. Man schimpft über sie, aber man benutzt sie trotzdem weiter. Sogar jeder Eingeborene wird, wenn man ihm die Möglichkeit dazu gibt, die Laster der Zivilisation innerhalb weniger Monate erlernen. Die Technisierung führt zum Verfall des Geschmacks, der Verfall des Geschmacks führt zum Verlangen nach maschinell hergestellten Artikeln und somit zu mehr Technisierung, und auf diese Weise wird ein Teufelskreis hergestellt.«[5]

Die Bauern in Mitteleuropa hatten im 19. Jahrhundert gar keine andere Wahl, als sich dem amerikanischen Trend anzuschließen. Zwar schützten einige Staaten ihre Kleinbauernschaft durch gewisse Importzölle, doch reichten diese nie aus, um in dem Konkurrenzdruck zu bestehen. Aufgrund ihrer riesigen Überkapazität überschwemmten die Amerikaner die europäischen Märkte mit Weizen, Mais, Rindfleisch und vielem anderen. Um dabei mitzuhalten, mußten die Bauern mechanisieren, rationalisieren und zu Fremdenergie greifen. Dennoch verhielten sich gerade die deutschen Bauern der Mechanisierung gegenüber zunächst zurückhaltend. Das hat seine Gründe sowohl im Traditionsbewußtsein als auch in der Angst, Kredite aufzunehmen, denn aufgrund der engen Märkte fehlte den Bauern das Eigenkapital, um die teuren Maschinen zu bezahlen. Wagemutiger waren sie da schon eher beim Einsatz von Kunstdünger.

Tabelle: Mineraldüngerverbrauch in der deutschen Landwirtschaft in kg je ha LN (landwirtschaftliche Nutzfläche) 1878/1880 – 1980/1981.*

Jahr	Stickstoff (N)	Phosphat (P_2O_5)	Kali (K_2O)	Kalk (CaO)
1878/1880	0,7	1,6	0,8	
1898/1900	2,2	10,3	3,1	
1913/1914	6,4	18,9	16,7	
1918/1919	3,9	7,9	22,8	
1929/1930	14,1	18,6	26,6	
1938/1939	25,0	26,2	43,7	
1950/1951[1]	26,7	25,0	50,6	
1969/1970[2]	79,7	62,9	82,3	47,5
1980/1981	126,6	68,4	93,4	92,9

[1] Bundesrepublik und Deutsche Demokratische Republik
[2] ab 1969 Bundesrepublik Deutschland

Zug- und Gartenmaschinen wurden dagegen relativ wenig eingesetzt.

Tabelle: Schlepperbestand nach Ländern 1925–1980 (in 1000).**

	1925	1933	1939	1950	1960	1970	1980
Deutschland[1]	7	24	66	139	855	1368	1469
Großbritannien				325	427	511	500
Frankreich				139	680	1265	1480
UdSSR				430	1122	1977	2515
USA	506	920	1567	3685	4700	4584	4370
Afrika				95	218	381	428
Asien (ohne UdSSR)				30	152	850	2623

[1] ab 1950: Bundesrepublik Deutschland 2 1978 3 1930 4 1940

*Aus: K. Herrmann, *Pflügen, Säen, Ernten,* Reinbek 1985, S. 167
**Ebd. S. 225

Diese Zahlen belegen deutlich den strukturellen Unterschied zwischen der Landwirtschaft in Europa und Amerika bis 1945. Das bedeutet, daß noch bis 1950 der Einsatz von Fremdenergie in der deutschen Landwirtschaft relativ gering war. Selbst der Kunstdüngereinsatz war noch an den Vorkriegswerten orientiert. Eine völlige Veränderung der Verhältnisse setzte ab 1955 ein und hat ihre Ursachen vor allem in der Gründung der EWG. Die mitteleuropäische Landwirtschaft suchte den Wettbewerb mit der amerikanischen auf dem Sektor der Qualität, wodurch sie gezwungen war, zu mechanisieren, große Energiemengen einzusetzen, Arbeitskräfte einzusparen und große Flächen zu schaffen (Flurbereinigung). Die Zahlen, die dies für die deutsche Landwirtschaft belegen, sind deutlich. Der Bestand an Traktoren stieg von 139 000 (1950) auf rund 1,5 Millionen im Jahre 1986; die Zahl der Zugpferde sank von 1,6 Mio auf fast null. Die Zahl der Beschäftigten sank von 5,87 Mio im Jahr 1949 auf 913 000 im Jahre 1984. Die Zahl der Betriebe sank von 2 Mio im Jahr 1949 auf 733 000 im Jahre 1984, wobei nur noch die Hälfte Vollerwerbsbetriebe sind. Um 1960 begann dann die sogenannte »Edelfreßwelle« mit einem immer größeren Fleischkonsum. Die Massentierhaltung mit all ihren negativen Begleiterscheinungen hielt in der EWG Einzug: Die Kühe wurden in Milchmaschinen verwandelt, Hühner in Legeautomaten, Schweine und Rinder in Fleischfabriken. Die Devise hieß: schnell, viel und billig. Es gibt heute Hühnerhalter mit 2,8 Mio. Legehennen auf kleinstem Raum, Schweineställe mit bis zu 10 000 Tieren und Rindermastanstalten mit bis zu 4000 Stück Vieh. Das Futter wird nicht mehr vom Mäster oder Viehhalter selbst erzeugt, sondern immer mehr als fertiges Kraftfutter aus EG-Beständen oder aus Übersee, oft sogar aus Entwicklungsländern importiert. Da die Abnehmer durch ihre Größe monopolartige Stellungen einnehmen, können sie dem Erzeuger in Übersee die Preise fast beliebig diktieren.

In dreißig Jahren wurde die europäische Landwirtschaft, die noch 1950 90% ihrer Antriebsenergie von der Sonne bezog, in eine öl- und stromabhängige Industrielandwirtschaft amerikanischen Zuschnitts umgewandelt. Dieselben Verhältnisse gelten für die nachfolgende Lebensmittelveredelungsindustrie. So haben wir heute den Zustand erreicht, daß wir 0,48 kg Erdöl verbrauchen, wenn wir 1 kg Brot essen oder 2 kW Strom, wenn wir eine Dose Cola von 0,3 l Inhalt trinken. Diese Energierelationen gelten inzwischen für alle Lebensmittel, die wir konsumieren. Die Landwirtschaft der EG-Länder ist heute faktisch bankrott. Sie verbraucht weit mehr Energie, als sie in den Nahrungsmitteln hervorbringt. Um einen Überschuß zu produzieren, der zur Zeit einen Einkaufswert von 23 Milliarden DM hat, werden von den europäischen Bauern jährlich riesige Mengen an Öl, Strom, Kunstdünger und Pestiziden verbraucht. Sie erwirtschaften dabei für die Lagerhaltung zur Zeit 18 Mio. Tonnen Getreide, 1,5 Mio. Tonnen Butter, mehr als 1 Mio. Tonnen Milchpulver, Millionen Tonnen Rindfleisch, Schweinefleisch, Zucker, Olivenöl und einen Weinsee von 1,8 Milliarden Liter; daneben eine fast unüberschaubare Menge an anderen Lagerwaren. Zwar hat sich der Durchschnittsertrag der Getreideerzeugung pro Hektar von 1910 bis heute verdoppelt, der Energieeinsatz stieg aber dabei auf das Zwanzigfache. Das bedeutet, daß mit diesem riesigen Energieaufwand lediglich der Arbeitsaufwand reduziert, aber keine wesentliche Ertragssteigerung erreicht wurde. Ähnliche Zahlen gelten für Milchleistungen der Kühe, Legeleistungen der Hühner und Mastgewinne bei Schweine- und Rindfleisch. Darüber hinaus führte die absolute Überversorgung mit Lebensmitteln in weiten Teilen der Europäischen Gemeinschaft, aber auch in vielen anderen Nationen, zu Fettleibigkeit und Überflußkrankheiten. Die Menschen essen sich buchstäblich krank.

Die andere Seite dieser wahnsinnigen Lebensmittelproduktion sind die Umweltschäden, die unsere heutige Landwirtschaft erzeugt. Der Zwang zu großen Ackerflächen fördert den Bodenabtrag, der Einsatz der schweren Maschinen verfestigt den Boden, der feste Boden fordert immer schwerere Schlepper mit größeren PS-Leistungen. So kostet heute ein Daimler-Benz-Traktor mit 150 PS bis zu 150 000 DM.

Die viel zu großen Mengen Kunstdünger, die mit sehr großen Mengen fossiler Energie hergestellt werden, können nur zum Teil von den Pflanzen aufgenommen werden. Der Rest geht über Entwässerungskanäle in die Bäche und Flüsse und baut dort durch Überdüngung einen viel zu großen Algenbestand auf. Als Ergebnis sterben nach und nach alle Süßwasserlebewesen und schließlich die Pflanzen selbst.

Die Monokulturen erfordern einen erhöhten Einsatz von Schädlingsbekämpfungsmitteln, weil die sogenannten Pflanzenschädlinge keine natürlichen Feinde mehr haben, denn die Vögel und die vielen anderen Kleinlebewesen haben wir ganz nebenbei in den letzten 30 Jahren gleich mitvergiftet. Von dieser Entwicklung waren während der ersten Phase der Intensivlandwirtschaft nur Boden und Gewässer betroffen.

Wenn man nun den Energiekreislauf aufzeigt, so ergibt sich folgendes

Szenarium: In Südamerika oder Afrika wird ein großes Stück Regenwald brandgerodet, dann wird mit importiertem Kunstdünger aus Europa Futtergetreide – Mais oder Ölsaat – angebaut und geerntet. Dies erfolgt mit Maschinen, die durch den Entwicklungshilfefonds der Industrieländer finanziert werden. Die Futtermittel werden nach Europa verschifft und von Amsterdam aus zu einem Schweinemäster ins Münsterland transportiert. Dieser wieder mästet in einem klimatisierten und automatisierten Stall einige tausend Schweine. Um die Schweine zu verkaufen, läßt er sie zu einer Großschlachterei nach Schleswig-Holstein bringen, da dort die Schweinepreise höher als in Münster sind. Die Schlachterei wiederum transportiert das Fleisch nach Berlin, weil sie dort besondere Subventionen für die Vermarktung erhält. In Berlin wird das Fleisch in Büchsen abgepackt und wandert xfach subventioniert in die Senatsreserve. Nach ca. fünf Jahren wird das Fleisch weit unter Marktpreis verkauft. Es geht bei diesem »Schweinezyklus« nicht um den Preis, sondern um den Verbrauch von Energie. Für jedes Kilogramm Fleisch werden bei einem solchen Prozeß mindestens 1,5 Liter Erdöl verbraucht. Noch vor 30 Jahren wurden 95% der Schweine als Abfallverwerter von den Kleinbauern, also vom Erzeuger zum Verbraucher gebracht – ohne fossilen Energieeinsatz. Das Fleisch war damals besser, es enthielt weder chemische noch pharmakologische Bestandteile, und es war frisch.

Die Landwirtschaft der Industrieländer dient heute nicht mehr primär der Nahrungserzeugung, sondern ist Großverbraucher von Energie und Maschinen. Die Nahrungsmittel sind im Grunde bei diesem Prozeß nur noch Abfallprodukte. Sie müssen darüber hinaus noch durch recht komplizierte Verfahren konserviert, tiefgefroren, zentrifugiert oder durch Bestrahlung mit Gammastrahlen haltbar gemacht werden. Allein die Elektroenergie, die für diese ganzen Verfahren benötigt wird, lastet in Europa mehrere Großkraftwerke aus.

Die Klein- und Mittelbauern in Europa stehen diesem ganzen Treiben hilflos gegenüber. Schließlich haben sie sich diese Produktionsmethoden nicht selbst ausgedacht, sondern sie wurden durch Prämien, Kredite und andere Anreize in das System hineingelockt. Nachdem sie nun durch ihre Verschuldung in Abhängigkeit geraten sind, werden sie durch eine übermächtige Bürokratie, die vor allem mit den Großhändlern und Lagerhaltern verbunden ist, manipuliert. Innerhalb dieses Systems verdienen die kleinen und mittleren Bauern am wenigsten. Das große Geld machen einige der größeren Tierhalter, die Großhändler, die Lagerhalter, die Landmaschinenproduzenten, die

Energiekonzerne, die Kunstdüngerhersteller und die chemische Industrie.

Der größte Verlierer neben den Bauern ist die Umwelt: Die Massentierhaltung verseucht durch den hohen Nitratgehalt, die Chemierückstände der tierischen Gülle, durch die Pestizide, wie DDT u. a., und durch die Homogenisierung des Futtergetreides die Böden und die tieferen Schichten des Grundwassers. Zu welchen Überraschungen ein solches Gesamtsystem führen kann, zeigt das jüngste Projekt der Gülleverwertung in den Niederlanden. Weil dort die Felder buchstäblich so zum Himmel stinken, daß das Grundwasser ernsthaft gefährdet wird, sehen sich die Wasserschutzbehörden zum Eingreifen gezwungen. Im Jahre 1985 sollte eine Verordnung in Kraft treten, die besagt, daß nur noch so viel Gülle auf die Felder gebracht werden darf, wie die jeweiligen Pflanzen aufnehmen können. Dabei ist anzumerken, daß dies dann früher oder später dazu führen würde, daß in ganz Europa nur noch Mais angebaut wird, weil allein diese Frucht maximale Mengen von Gülle aufnehmen kann. Durch diese Verordnung hätten in den Niederlanden viele Betriebe schließen müssen, weil sie ihre tierischen Abwässer nicht mehr ohne hohe Kosten losgeworden wären. Um das Problem anders zu lösen, beauftragte die niederländische Regierung eine Leitgruppe »Güllefragen« mit einer Projektstudie. Diese schlug vor, die Gülle entweder in die Nordsee abzuleiten oder sie durch ein großes Rohrnetz, das möglichst viele Viehhalter entsorgt, an der Küste zu sammeln und dann mit Großtankern als Dünger in die Entwicklungsländer zu schicken. Dort sollte sie quasi als Rückfracht für Futtergetreide den Nährstoffgehalt der Böden verbessern. Hierzu fällt mir nur noch Shakespeare ein: »Ist dies schon Wahnsinn, nun so hat es doch Methode.«

Die Dampfmaschine – Sackgasse der Technik

Obwohl es erst seit 200 Jahren dampfbetriebene Maschinen und seit 100 Jahren Verbrennungskraftmaschinen gibt, können wir uns ein Leben ohne diese »Errungenschaften« nicht mehr vorstellen. Wir tun vielfach so, als hätte erst die industrielle Revolution den Menschen aus der dunklen Vorzeit – aus der Bindung an die Naturgewalten – befreit, weil mit Hilfe von nichtregenerierbarer Antriebsenergie, d. h. der Verbrennung von Kohle, die industrielle Produktion unabhängig vom Vorkommen von Wasser, Sonne und Wind wurde. Die Entwicklung der Dampfmaschine war jedoch nicht die erste Antwort des Menschen auf die Frage, wie Produktionsprozesse zu erleichtern seien. Seit Jahrhunderten verfügten die Menschen über Apparate und Maschinen, die mit regenerierbarer Energie angetrieben wurden.

All diese Antriebsmaschinen leiteten sich letztendlich von der Handmühle zur Zerkleinerung des Getreides ab. Das wichtigste Prinzip zur Konstruktion dieser Maschinen war das Drehprinzip: das Rad und die Kurbel. Damit gelang es, die multifunktionalen Bewegungen, die der Arm des Menschen oder Tiere ausführen können, in mechanische Antriebsenergie umzufunktionieren. Um 2400 v. Ch. wurde nach heutiger Kenntnis diese Maschine entwickelt und erstmals eingesetzt. Sie wurde dann im Laufe der Jahrtausende verbessert: Es gelang zum Beispiel, einen längeren Hebelarm anzubringen, in dem die Kurbel verlängert wurde, so daß man an das Ende des Hebelarms ein Tier anspannen konnte. Das neue Gerät nannte man Göpel bzw. Göpelwerk. Die Tiere oder oft auch Menschen liefen im Kreis herum und trieben dadurch Mühlen, Wasserschöpfwerke und andere mechanische Geräte an.

Die Wasserschöpfwerke waren die Vorläufer für eine andere wichtige Antriebsenergiemaschine. Indem man das Prinzip umkehrte, entwickelte man das Wasserrad, ein Antriebssystem, das bereits von den Griechen genutzt wurde. Es setzte sich jedoch noch nicht gesamtgesellschaftlich durch, weil sowohl die Griechen als auch die Römer durch ihre Sklavenwirtschaft den größten Teil ihrer Antriebsenergie aus menschlicher Muskelkraft bezogen. Wassermühlen fanden sich nur dort, wo die Bedingungen günstig waren: z. B. in den Caracalla-Thermen zum Getreidemahlen oder an der Mosel, um Marmor zu zersägen. Große Bedeutung gewannen Wasserräder im Mittelalter in den europäischen Erzgruben. Agricola hat in seinem posthum (1556) veröffentlichten Werk *De re metallica libri XII* den effektiven Einsatz dieser Technik beschrieben: Die Wasserräder hatten inzwischen einen Durchmesser bis zu 7 m erreicht, entwickelten beachtliche Kräfte und ermöglichten es, Erz auch in größeren Tiefen abzutragen.

Früher als das Wasser wurde der Wind als Antriebssystem benutzt, allerdings jahrtausendelang zunächst nur als Transportenergie für Segelboote. Etwa ab 600 n. Chr. wurden in Persien und Afghanistan erste horizontale Windmühlen als stationäre, dezentrale Antriebsenergie-Erzeuger genutzt. In der Folgezeit fand hier eine stürmische Entwicklung statt. Den Turmwindmühlen des Mittelmeerraumes folgten mitteleuropäische Bockwindmühlen. Das Mühlenprinzip wurde laufend verbessert, so daß schließlich die sog. »Holländische Windmühle« mit der Windrose als automatischer Steuerungseinrichtung entstand.

Gemeinsam ist all diesen Systemen, daß sie unterschiedliche Erscheinungsformen von Sonnenenergie sind: Die Muskelkraft von Mensch und Tier wird durch die Verbrennung von Nahrung in den Muskeln produziert. Die Windenergie ist Sonnenenergie, weil der Wind durch Temperaturunterschiede in der Atmosphäre, die von der Sonne hervorgebracht werden, entsteht; Wasserkraft läßt sich auf Sonnenenergie zurückführen, weil die Bewegung der Flüsse und Bäche durch die Verdunstung des Wassers von der Sonne verursacht wird und die Quellen der Flüsse und Bäche vom Regen gespeist werden. Wir können also mit Fug und Recht feststellen, daß für jede Form von Antriebsenergie gilt: Am Anfang war die Sonnenenergie. Sie begleitete den Menschen bis zur Entwicklung der Dampfmaschine, also über Jahrtausende.

Die beachtlichen technischen Leistungen, die bis zum 18. Jahrhundert vollbracht wurden, entwickelten sich auf der Grundlage dieser Antriebsenergie. Leonardo da Vinci (1452–1519), Agostino Ramelli (1531–1590), Johannes Stradanus (1536–1605), Johannis van Zyl (1719–1771), Jakob Leupold (1674–1727) u. a. verbesserten diese Systeme und entwarfen die vielfältigsten Maschinen (Flugapparate u. ä.). Die Niederländer haben ab 1526 große Gebiete als landwirtschaftliche Nutzfläche dem Meer abgerungen, indem sie sie mit Hunderten von windgetriebenen Pumpmühlen entwässerten. Aus Einzelmühlen entstanden große Industriebetriebe und ganze Industriekomplexe. Beispielsweise beherrschte die Region Zaandam mit ihren automatischen windbetriebenen Sägemühlen im 18. und teilweise noch im 19. Jahrhundert den gesamten Schnittholzmarkt in Nordeuropa. An der Spree entstand zwischen Berlin und Cölln ein Wassermühlenkomplex, der 1285 erstmals urkundlich erwähnt wurde. Im Jahre 1755 umfaßten »Die Kgl. Mühlen auf dem Mühlendamm« 14 Mühlenwerke, 29 Wasserräder und 53 Mahlgänge bei einer Spreebreite von ca. 90 m. In diesem Komplex wurde gesägt, gewalzt, gewalkt, gemahlen etc., obwohl nicht einmal eine besonders leistungsfähige Wasserkraft vorhanden war. Dennoch stellte er wahrscheinlich die größte frühindustrielle Produktionsstätte dar. Aufgrund der intensiven und dezentralen Nutzung der Sonnenenergie entstand also im gesamten europäischen Raum eine hochentwickelte Technik, die im Grunde alle Antriebsprobleme, die sich ihr stellten, mit sparsamen und effektiven Methoden löste.

Ein gewaltiger Entwicklungssprung vollzog sich dann in Amerika, als Oliver Evans die erste automatische Maschine der Welt konstruierte, die 1784/85 am Redclay Creek in Delaware errichtet wurde. Mit Hilfe von Paternosterwerken, archimedischer Schraube, Elevatoren (Becherwerken) und Endlosbändern gelang es, die Mühle von Handarbeit zu befreien; der Mensch wurde nur noch als Aufseher und Reparateur benötigt. Damit war der erste automatisierte Produktionsprozeß – allerdings mechanisch gesteuert – entstanden. Selbst die Fließbandproduktion, die Henry Ford 1916 aufnahm, stellt gegenüber diesem Verfahren nur eine Teilautomatisierung dar. Doch nicht nur das Innenleben der Mühle verdient Beachtung, sondern auch die Tatsache, daß sie von Wasserkraft angetrieben wurde. Die Vorstellung, daß technischer Fortschritt nur durch nichtregenerierbare Dampfkraft möglich sei, hat sich nämlich erst während der industriellen Revolution durchgesetzt. Evans Mühle belegt aber, daß eine Entwicklung der Produktivkräfte auch mit Sonnenenergie möglich ist – eine Forschungsrichtung, die wir seit 200 Jahren vernachlässigt haben, so daß die Defizite in ihrer Anwendung, die wir heute beklagen, auf diesen Zeitverlust zurückzuführen sind.

Als Konrad Matschoss 1901 seine berühmte *Geschichte der Dampfmaschine* schrieb, wollte er durch dieses Kapitel der Technikgeschichte einen Kontrapunkt zur herkömmlichen Geschichtsschreibung setzen. Diese erschöpfte sich seiner Meinung nach in der Beschreibung von Kriegen und Heldentaten, in den Ereignissen um Könige und Kaiser.

Matschoss wollte dem eine Geschichte derjenigen Menschen entgegensetzen, die – von frühester Zeit an – gezwungen waren, den größten Teil ihres Lebens der Sorge um ihren Lebensunterhalt zu widmen, also der Mehrheit der Menschen. In der von ihm intendierten »neuen« Geschichtsschreibung griff Matschoss die alten Gebote der Bibel auf, von denen eines, gleichsam das Motto aller Kulturbestrebungen des Menschen, lautet: »Macht euch die Erde untertan.« Und weiter: »Herrschaft über die Erde ist das Ziel, das der Menschheit gesetzt ist.«

Doch immer noch ist »Herr der Erde« ein leerer Titel, nur ein schmückendes Beiwort. Der Mensch will nicht nur »Herr der Erde« heißen, er will es sein. Um dies zu verwirklichen, muß er sich immer neue Kraftquellen erschließen, seine Werkzeuge vervollkommnen und sein Wissen erweitern. Das und nichts anderes war das Motto für die Einführung der Dampfkraft. Heute erkennen schon viele, daß uns dieser Kampf um die Herrschaft über die Erde gründlich mißlungen ist. Aber Matschoss ging noch weiter zurück in seiner Deutung. Für den Betrieb der Dampfmaschine brauchte man Feuer. Wer hat uns das Feuer gebracht?

> »Prometheus, ein Sohn der Götter, ein Titan, hat einst wider den Willen der Unsterblichen das Feuer vom Himmel zur Erde gebracht. Erst jetzt im Besitz der Himmelsfackel ist dem Menschen der Weg zur höchsten Kultur geöffnet. Der Zorn der neidischen Götter trifft den kühnen Entwender. An den massigen Fels, die rohe Materie geschmiedet, muß Prometheus erfahren, daß der Fortschritt der Menschheit mit den Qualen des kühnen Pfadfinders bezahlt werden muß.«[6]

Prometheus wird damit zum mythischen Ahnherren der Techniker des 19. und 20. Jahrhunderts. Er gilt als Vorkämpfer für den Fortschrittsgedanken, und er erleidet, stellvertretend für den abendländischen Menschen, den Zorn der neidischen Götter, die verhindern wollen, daß sich der Mensch durch die Nutzung des Feuers in die Sphäre der Götter erhebt.

Die wirkliche Geschichte der Entwicklung der Dampfmaschine erinnert allerdings wenig an das Heldenepos, als das sie bei Matschos erscheint. Sie ging von der expandierenden Kohleindustrie aus, wobei das Interessante an diesem Vorgang darin besteht, daß eine in den Markt drängende Industrie Sachzwänge für größere Energieanforderungen schafft: Die Kohlewirtschaft förderte bis zu diesem Zeitpunkt in England ihre Brennstoffe nur für die Raumheizung und stand von Anfang an in erbittertem Konkurrenzkampf zur Holzwirtschaft, die bis ins späte Mittelalter allein den Markt für die Raumheizung gedeckt hatte. Wenn im Mittelalter bereits viele Raumheizungen mit Kohle betrieben wurden, so lag dies daran, daß die Kohle zunächst leicht zugänglich war und auf dem Wasserwege transportiert werden konnte. Sie wurde nur deshalb verbraucht, weil sie billiger war, nicht etwa weil Holz knapp war.

Die Umweltbelästigung durch die Kohle führte zum Rückgang ihres Verbrauchs. Der Rauch des Steinkohlenbrandes in London war im letzten Viertel des 13. Jahrhunderts ein allgemeines Ärgernis. Eine königliche Kommission, die im Jahre 1285 eingesetzt wurde, berichtet, daß der Kalk jetzt mit Kohle gebrannt werde anstatt wie früher mit Holz. Infolgedessen sei die Luft zum Schaden derer, die dort hinkommen oder dort wohnen werden, verschmutzt und verdorben. König Edward I. erließ deshalb 1307 für die Stadt London ein generelles Verbot des Kalkbrennens mit Kohle.

Später, als das Holzangebot wieder größer war, setzten die Engländer auch wieder mehr Holz für die Raumheizung ein. Damit verschwanden die Belästigungen durch den Kohleverbrauch. Erst die expandierende Politik Großbritanniens im Zeitalter des Imperialismus führte – durch den Flottenbau – wieder zu einer Verknappung des Holzes und folglich zu einem größeren Kohleverbrauch. Dennoch war auch dieser zweite Anlauf der Kohlewirtschaft, in den Heizenergiemarkt einzudringen, im 17. Jahrhundert zunächst einmal zu Ende. Der Brite John Evelyn führte eine intensive Kampagne gegen den Kohleverbrauch und machte zum erstenmal auf die negativen Auswirkungen der Abgase aufmerksam: In den Gärten wuchsen bereits keine Blumen mehr, es gab in London keine Bienen mehr, und immer mehr Menschen litten unter Lungenkrankheiten. Evelyn schlug vor, Gewerbe, die viel Brennstoff verbrauchten, auszusiedeln und ein allgemeines Aufforstungsprogramm zu entwickeln, um die Kohle erneut durch Holz zu ersetzen (s. Sieferle, S. 125). Das Machtstreben der Briten um die Vorherrschaft in Europa ließ jedoch der Gesundheitsfürsorge für die eigene Bevölkerung keinen Raum. Zum zweitenmal nach dem Untergang des Römischen Reiches hatte damit in einem Staat die Ökonomie Vorrang vor der Ökologie. Die Kohleenergie ersetzte erstmals die regenerierbare Energie Holz. England war im 17. Jahrhundert der größte Textilexporteur der Welt. Für die Herstellung dieser Textilien wurde Wolle benötigt, von Schafen gewonnen, für deren Aufzucht Weiden benötigt wurden. Die englischen Großgrundbesitzer wandelten deshalb immer mehr Akkerland in Weideland um. Dabei wurden viele landlose Arbeiter arbeitslos, d. h. in der Landwirtschaft wurde rationalisiert. Die Arbeiter fanden dann aber in den immer zahlreicheren Textilmanufakturen neue, heute würde man sagen »innovative« Arbeitsplätze. Im Laufe dieses Prozesses entwickelte sich England vom Getreideexport- zum Getreideimportland. Im Zuge der Umstrukturierung des landwirtschaftlichen Bereichs mußte immer mehr Wald in Weide- und Ackerland umgewandelt werden. Der bereits von den Römern her bekannte ökologische Teufelskreis wurde in Gang gesetzt. Die Monokultur Weideland zerstörte zunehmend den natürlichen Kreislauf. Der vermehrte Einsatz fossiler Energie erzeugte die erste großflächige, teilatmosphärische Luftverschmutzung. Der Protest der Bevölkerung wurde aufgrund der ökologischen Zusammenbrüche immer stärker. Gleichzeitig entstanden neue Probleme: Parallel zur Industrialisierung im Innern Englands entwickelte sich die Kolonialpolitik. England wurde zum ersten Musterfall der ökologischen Zerstörung durch Industrialisierung.

In dieses 200jährige Szenarium eines Zusammenbruchs wurden viele Kolonien, vor allem Indien, mit hineingezogen. Am Ende dieser Entwicklung, in der auch die landwirtschaftliche Struktur Englands und Indiens zerstört wurde, stehen beide Länder mit unterschiedlichen Voraussetzungen da. Großbritannien kann heute als ein ausgemergeltes Industrierestland angesehen werden, dem nicht einmal mehr die reichen Ölvorkommen die Möglichkeit einer ökologisch orientierten, postindustriellen Entwicklung bieten. Indien, das 1947 unabhängig wurde, hat noch so viel landwirtschaftliche Restreserve, daß eine Neuentwicklung möglich erscheint.

Doch zurück zum Zeitpunkt des Beginns der eigentlichen Nutzung der Kohleenergie in England im 18. Jahrhundert. Nachdem die leicht zugänglichen Kohlevorräte bereits erschöpft waren, mußten tiefere Schächte gebaut werden. Das erforderte eine größere Wasserhaltung, für die die herkömmlichen Kraftmaschinen nicht mehr ausreichten. Es war zu wenig Wasserkraft vorhanden. Darüber hinaus standen nur Windmühlen zur Verfügung. Die Regulierung der Windkraft war noch nicht so weit entwickelt, daß sie dauerhaft die Auspumparbeiten ermöglicht hätte. Zunächst baute man als Ergänzung zu den Windmühlen Wasserreservoirs, die bei Windstille Wasserräder als Pumpantrieb mit Energie versorgten. Ein so aufwendiges System trieb die Kosten für die Kohle in die Höhe; die Kohle wurde unrentabel. Auch der Ersatz der Windanlagen durch pferdebetriebene Göpelpumpen war finanziell nicht zu vertreten. Aus all diesen Gründen wurde eine fossile Energie, nämlich die Kohle, durch eine neue Energiequelle, nämlich die

Dampfmaschine ersetzt. Auch an diesem Beispiel läßt sich sehr gut das Gesetz der Steigerung des Energiebedarfs erkennen. Er entwickelt sich in Form einer Spirale mit irreversiblen Aufwärtsdrehungen. Obwohl genügend Energie, Holz und Nahrungsmittel zur Verfügung standen, wurde in England eine Überflußsituation geschaffen, die aus dem Machtstreben der Exportindustrie resultierte. Daraus ergaben sich immer neue Sachzwänge zur Erfüllung des gesteigerten Energieverbrauchs.

Bereits um 1800 verbrauchte diese neue Antriebsenergie 10% der Kohleproduktion. Die Steigerung der Kohleförderung von 10 Mio. t im Jahre 1800 auf 60 Mio. t 1860 geht zum großen Teil auf die Dampfmaschinen zurück.

Der Schmied Thomas Newcomen konstruierte 1712 die erste brauchbare Dampfmaschine – das Resultat langjähriger handwerklicher Erfahrungen. Sie konnte das Wasser aus den Schächten pumpen, hatte allerdings einen sehr kleinen Wirkungsgrad (zunächst wahrscheinlich unter 5%, später maximal bei 20%). Letzteres spielte aber für die Bergwerke keine Rolle, da Kohle kein Kostenfaktor war, zumal nur mit Kohlestaub gefeuert wurde, der ohnehin anfiel. Lange nach Newcomens Tod gelangte ein Modell zu James Watt an die Universität Glasgow, der es reparieren sollte. Watt entwickelte einige Ideen zur Verbesserung bzw. grundlegenden Veränderung der Maschine, indem er einen vom Zylinder getrennten Kondensator schuf. Allerdings waren seine Mittel zu begrenzt, um eine neue Maschine herstellen zu können, aber es gelang ihm, den Unternehmer Roebuck, Besitzer großer Eisenwerke und Kohlegruben, als Geldgeber zu gewinnen. Roebuck erhoffte sich einen großflächigen Absatz der neuen Maschine in den Bergwerken, deshalb finanzierte er Watts Werkstatt. Watt erhielt schließlich 1769 das Patent und stellte im gleichen Jahr seine Maschine fertig. Allerdings erwies sie sich als Fehlschlag. Versuche, die Maschine zu verbessern, scheiterten, so daß Roebucks Spekulation, seine maroden Kohlegruben mit Hilfe von Dampfkraft zu sanieren, nicht aufgingen und er Konkurs anmelden mußte. J. Watt ging mit seinem Patent in die Konkursmasse ein.

Ein Konkurrent Roebucks, der Eisen-, Kupfer- und Silberwarenfabrikant M. Boulton, kaufte die Anteile auf, und Watt konnte nach drei Jahren seine Arbeit fortsetzen. Boulton ließ 1775, nachdem er erkannt hatte, daß es sich hier um eine langfristige Forschungs- und Entwicklungsarbeit handelte, das Patent von Watt bis zum Jahre 1800 verlängern. Danach baute er ihm in Soho ein großzügig eingerichtetes Forschungs-, Entwicklungs- und Produktionszentrum. Mit dieser ersten großen Innovationsabteilung in einem Industriekonzern gelang es Watt 1777, eine einigermaßen funktionstüchtige Dampfmaschine zu bauen. Nach mehreren Einsätzen in Grubenbetrieben mußten zunächst das maschinelle Umfeld, die Präzision der Werkstattarbeit und die Metalltechnik verbessert werden. Darüber hinaus brauchte man für das Ausbohren der Zylinder der Dampfmaschine stärkere Bohrmaschinen, die mit den herkömmlichen Antriebssystemen nicht betrieben werden konnten. Das bedeutete, daß man zum Bau der Dampfmaschinen zunächst einmal wiederum Dampfmaschinen brauchte. Als endlich die Dampfmaschine eine gewisse Serienreife erreicht hatte, war der ursprünglich vorgesehene Absatzmarkt zusammengebrochen. Die Gruben in Cornwall befanden sich in einer Rezession und hatten kein Investitionskapital. Das Absatzgebiet der Dampfmaschine mußte erweitert werden. Boulton hatte eine geniale Idee: Er bot die Dampfmaschine nicht dort an, wo sie gebraucht wurde, sondern dort, wo überschüssiges Kapital vorhanden war, also im Mühlenbereich. Die Mühlenbetriebe in England waren zu diesem Zeitpunkt exzellent mit Wasser- und Windmühlen versorgt, setzten halbautomatische Regelungen ein und machten gute Geschäfte. Boulton erfaßte diese Situation genial-kapitalistisch und erkannte, daß Energieinvestitionen nur in den prosperierenden Bereichen zu stimulieren waren. Er gründete mit den großen Londoner Getreidehändlern eine Aktiengesellschaft zur Errichtung einer Mustermühle mit Dampfantrieb. Schon vor der Genehmigung durch die Behörden 1784 gab es massive Proteste von kleinen und mittleren Mühlenbetrieben gegen die neue Großmühle. Es bildeten sich gleichsam »Bürgerinitiativen«, die für den Erhalt der Wasser- und Windmühlen eintraten. Boulton protestierte nun seinerseits und prophezeite, neue Mühlen würden den Brotpreis wesentlich senken, im übrigen müsse man bei dieser Argumentation konsequent sein und – wenn schon – dann alle Maschinen verbieten. Die Behörden beschlossen ein Moratorium, erlaubten aber die Eintragung der neuen Gesellschaft als »Compagnie«. Dadurch verlor Boulton wahrscheinlich Steuerprivilegien, konnte aber seine Mühle bauen, die 1786 mit dem Namen »Albion-mill« eingeweiht wurde. Nach anfänglichen Schwierigkeiten lief die Mühle mit ihrer 50-PS-Dampfmaschine auf einer zu hohen Leistung, denn die zusätzliche Kapazität auf dem Gebiet der Mehlerzeugung wurde weder in London noch auf dem Weltmarkt gebraucht, so daß der geschäftliche Erfolg ausblieb. Die Mühle wurde dann 1791 von militanten Fortschrittsgegnern in Brand gesetzt und verabschiedete sich in wenigen Stunden aus der Geschichte der Dampfmaschine.

Bemerkenswert ist zweierlei: Der geschäftliche Mißerfolg der Mühle beruhte darauf, daß sie mit dem billigeren Mehl aus den USA, das aus vielen der Evans-Mühle ähnlichen Betrieben kam, nicht konkurrieren konnte. Weiter ist bemerkenswert, daß es von Anfang an eine breite Bewegung gegen den Einsatz der Dampfkraft gab, die sich aber dennoch als neue Energieform durchgesetzt hat.

Die Dampfmaschine stellte also die Energieform der industriellen Revolution dar. Auch Karl Marx hat sie als entscheidenden Indikator für die Entwicklung der Produktivkräfte angesehen. Allerdings wurde hiermit ein Weg eingeschlagen, der von der Nutzung der Sonnenenergie wegführte und von dem wir heute sagen müssen, daß er in eine Sackgasse mündet.

Zunächst ist zu bemerken, daß sich die Dampfkraft nur für eine großindustrielle Nutzung eignet, der bewährte Weg einer dezentralen kleinteiligen Wirtschaftsstruktur also verlassen werden mußte. Der Dampfmaschine folgten zahlreiche schwerindustrielle Bereiche, der große Verbrauch von Kohle forderte das Transportsystem Eisenbahn, das Grundprinzip der Energieerzeugung wurde auf nunmehr zwei Jahrhunderte festgeschrieben: Man erzeugt durch Verbrennung Wärme, die Wasser in Dampf umwandelt; der Dampf treibt entweder Zylinder oder, wie heute, Turbinen an, die entstehende Kraft überträgt sich auf Transmissionsriemen, die ihrerseits die Maschinen (Sägen, Bohrer, Kräne, Walzen, Pflüge u. a.) in Bewegung setzen.

Nach der Erfindung der Elektrizität erlebte die Dampfmaschinentechnologie einen neuen Aufschwung, da mit ihrer Hilfe Generatoren getrieben wurden, die Strom erzeugten. Dieser Strom konnte leicht weitergeleitet werden und wurde schließlich wieder in Wärme oder Kraft verwandelt, und zwar dadurch, daß er entweder Motoren oder Wärmekraftanlagen betrieb. Die Dampfmaschinentechnologie ist also eine Folge von Energieumwandlungsstufen. Dabei können in Extremfällen mindestens fünf Umwandlungsstufen durchlaufen werden, beispielsweise indem man elektrisch kocht. Der Dampf, der durch die Verbrennung von Kohle entsteht, wird durch Turbinen geschickt, die dann Generatoren antreiben. Die daraus entstehende Hochspannung kann nun wieder in Niederspannung verwandelt werden, die für den Haushaltsstrom benötigt wird. Dieser dient dann – in Wärme umgewandelt – dem Erhitzen von Wasser oder zum Kochen von Nahrungsmitteln. Während der verschiedenen

Umwandlungsprozesse gehen 95% der Energie verloren, die als Abwärme die Atmosphäre aufheizen.

Darüber hinaus erfordert das Funktionieren der Dampfmaschinentechnologie eine begleitende Technik, die den Energieverbrauch ins Unermeßliche steigert. Zunächst müssen riesige Mengen von Kohle, Erdöl, Gas oder Uran gewonnen beziehungsweise abgebaut werden. Man benötigt Bergwerke, Tagebau, Bohrtürme, Pipelines, Tanker, Häfen, Raffinerien, Aufbereitungsanlagen usw. Für den Betrieb dieser Anlagen müssen Maschinen gebaut werden, die keine andere Funktion haben, als fossile Energiequellen zu erschließen und nutzbar zu machen. Zu den diversen Wärmeumwandlungsprozessen werden riesige Maschinen gebraucht, nämlich Generatoren, Dampfturbinen, Kessel, Rohrleitungen usw., die lediglich Wasser in Dampf und diesen dann in Dampfkraft oder Elektrizität umwandeln.

Last not least birgt die Dampfmaschinentechnologie noch einen weiteren Nachteil in sich: Sie ist umweltschädlich. John Evelyn schrieb bereits 1664!: »Dieser schreckliche Rauch [des Kohlebrandes – H. J. R.] schwärzt unsere Kirchen, läßt unsere Paläste alt aussehen, ruiniert unsere Kleider, verdirbt das Wasser, und selbst mit Regen und dem Tau, die solche Erfrischung bringen können, fällt dieser Schmutz herab, der schwarz und klebrig alles befleckt und verunreinigt, was ihm ausgesetzt ist.«

Wer erinnert sich heute noch an die Forderung nach dem blauen Himmel über der Ruhr?

Elektrizität – die Macht der Monopole

Die Kenntnisse über die Elektrizität reichen wie viele technische Entwicklungen in die Antike zurück. Die erste Anwendung fließenden Stroms diente mehr der Belustigung als der Energiegewinnung. Die Menschen bekamen einen kleinen Stromschlag und sahen dies als Wunder an. Das System fußte darauf, daß man chemisch verschiedene Elektroden in eine Elektrolytflüssigkeit tauchte, bei deren Entladung Strom entstand. Strom wurde also auf chemischem Weg erzeugt – ein System, das wir heute beispielsweise in der Autobatterie vorfinden. Der Strom wurde ausschließlich zu Wunder- und Heilzwecken eingesetzt, später auch zur Beleuchtung: Mit sogenannten galvanischen Elementen wurde z. B. 1876 die Pariser Oper beleuchtet.

Damit war jedoch diese Entwicklung nicht abgeschlossen. Werner von Siemens, der eigentliche Promoter der Stromtechnik, entwickelte das elektrodynamische Prinzip. Während seiner Studien an der Artillerie- und Ingenieurschule zu Berlin baute er einen Doppel-T-Anker und drehte ihn zwischen den ausgebohrten Enden eines Stahlmagneten, wobei ein Stromfluß entstand. Diese Stromerzeugungsmaschine konnte bei einer entsprechenden Weiterentwicklung Ströme fast beliebiger Stärke erzeugen, wobei diese Stärke nur von der antreibenden Kraft, die auf den Doppel-T-Anker wirkte, abhing. Die Antriebskraft, die Verluste, die dabei entstanden, die Abgase und die Abwärme bereiteten von Anfang an die Kernprobleme der Stromerzeugung und -verwendung. Strom ist nämlich keine Primärenergie, sondern, wie wir bereits gehört haben, eine umgewandelte, veredelte Energie. In der Natur kommt Strom nur als Blitz oder als Schwachstrom in den Nervensystemen von Tieren und Menschen vor.

Die ersten Anwendungsgebiete der neuen dynamischen Stromenergie, die Siemens hatte patentieren lassen, waren das Telegrafenwesen und die Signaltechnik der Eisenbahn. Insbesondere das preußische Militär verlangte nach zuverlässigen und sicheren Nachrichtensystemen, die in den Kriegen 1866 und 1870/71 angewendet werden sollten. Es war auch zunächst der Hauptauftraggeber für Siemens' Telegrafensysteme. Daneben bestand für eine andere Maschine aus dem Hause Siemens reges Interesse: den fahrbaren Dampfdynamo mit Scheinwerfer. »Man wollte«, so hieß es, »den Feind beleuchten, um auch bei Nacht Krieg führen zu können.« (s. Matschoss, *50 Jahre . . .*, S. 3) Siemens & Halske lieferten dem Militär eine große Zahl von Lokomobilen, Dynamomaschinen und Bogenlampen. Auch andere Verwendungsmöglichkeiten wurden erprobt: die Illuminierung der heimkehrenden Truppen 1871 auf der Straße Unter den Linden, die Beleuchtung der Berliner Oper und des Belle-Alliance-Theaters.

Ein großer Schritt für die zivile Nutzung der Elektroenergie bedeutete die Gründung des ersten deutschen Kraftwerks 1884 in Berlin, bei dem der stromerzeugende Dynamo von einer Dampfmaschine angetrieben wurde. Die Stromerzeugungsgesellschaft erhielt das Recht, Leitungen auf öffentlichem Grund und Boden zu verlegen, und verpflichtete sich, hierfür Konzessionsabgaben zu leisten – ein Prinzip, das bis heute eingehalten wird, denn alle Leitungen verlaufen auf öffentlichem Gelände und genießen bei der Genehmigung Sonderkonditionen, obwohl sie von privaten Besitzern betrieben werden.

Das Kraftwerk erzeugte seinen Strom ausschließlich für die Beleuchtung, Siemens selbst aber hatte andere Pläne. Er wollte »gewaltige elektrische Ströme aus einem 8 bis 9 deutsche Meilen von Berlin entfernten Braunkohlengebiet mit seinen neuen Dynamomaschinen in die Stadt leiten und hier in verschiedenster Weise ›entweder dynamisch oder chemoelektrisch‹ nutzen«. (s. Matschoss, *50 Jahre,* S. 2/3). Das Programm war klar: Strom sollte die universelle Antriebs- und Wärmeenergie werden, in die künftig alle Primärenergie umgewandelt werden mußte, bevor sie transportiert und verbraucht werden konnte. Die Vorstellung einer dominierenden Stromenergie war aber zugleich damit verbunden, daß man hohe Verlustraten von ca. 75 % einkalkulierte, indem man zum Beispiel Großkraftwerke in immer entlegenere Gegenden baute.

Jenseits der Siemens'schen Utopie verlief die reale Entwicklung zunächst viel vernünftiger. In der Anfangsphase errichtete man in großen und kleinen deutschen Städten zahlreiche kleine Kraftwerke, die die jeweiligen Regionen verbrauchsnah mit Energie versorgten. In der Auseinandersetzung um die richtige Energiepolitik spielt dabei die Frage nach den Eigentumsverhältnissen – sei es staatlich oder privat – eine größere Rolle als die Organisationsfrage, ob die Energie zentral oder dezentral erzeugt werden sollte. So lag der private Anteil an der Stromerzeugung um 1900 noch bei 77 %, bereits 1913 nur noch bei

42,9 % und 1934 nur noch bei 10,7 %. Im Zuge dieser Entwicklung bildeten sich schon früh halbstaatliche Großkonzerne wie die heute alles dominierenden Rheinisch-Westfälischen Elektrizitätswerke (RWE), die bereits 1934 37,1 % der gesamten deutschen Stromerzeugung innehatten und heute bereits einen Anteil von über 50 % haben dürften.

Trotz dieser Konzentrationsbewegung war die Stromerzeugung bis 1933 noch primär kommunal und dezentral organisiert. Dies bedeutete: kurze Wege, nahe Verbraucher, wirtschaftlicher Betrieb, geringe Verluste und wenig Hochspannungsleitungen. Diese Strukturen boten fast ideale Voraussetzungen für die Nutzung der Abwärme. So plädierte noch 1933 der Berliner BEWAG-Mitarbeiter E. Schulz für eine dezentrale Stromerzeugung und den Einsatz der Kraft-Wärme-Kopplung. Dabei stellte er folgende Grundsätze auf, die auch heute noch gelten: »Bei Schilderung der wesentlichen Merkmale einer Heizkraftwirtschaft (Kraft-Wärme-Kopplung) gebührt den Energietransportfragen ein besonderer Abschnitt. Man geht mit der Behauptung nicht allzuweit fehl, daß die Energieversorgung unserer großen Städte ein anderes Gesicht zeigen würde, wenn alle Möglichkeiten des Strom-Wärme-Transports ausgenutzt worden wären, und zwar vornehmlich in der Richtung, den Strom am Verbrauchsort zu erzeugen. Als Verbrauchsstelle in diesem Sinne hat vorläufig ein mäßig großer Stadtbezirk (von 3–5 qkm an) mit geeignetem Strom- und Wärmebedarf zu gelten.« (s. Schulz, S. 51) Diese Erkenntnis geriet nach 1933 in Vergessenheit; sie wurde mit Blick auf die heutige Entwicklung geradezu karikiert.

Die beschriebene Struktur der Elektrizitätserzeugung bestand etwa bis 1935 mit 12 Großkraftwerken zu je 100 Megawatt und 1500 Kleinkraftwerken, die über 50 % der Elektroenergie erzeugten. Obwohl es Pläne der Nationalsozialisten gab, für den Verteidigungsbereich jedes Haus mit einem eigenen Aggregat auszurüsten, verlangte die faschistische Aufrüstungspolitik nach einer anderen Energieerzeugungsstruktur. In dieser Situation griff Adolf Hitler zu einem bewährten politischen Mittel: Er paktierte einerseits heimlich mit der Energieerzeugungsindustrie und versprach ihr, eine Großkraftwerksstruktur durchzusetzen, andererseits ließ er das Parteivolk der NSDAP und der SA gegen die Großkonzerne wettern. Um sein Ziel durchzusetzen, ermächtigte er 1934 im »Gesetz zur Vorbereitung des organisatorischen Aufbaus der deutschen Wirtschaft« den Reichswirtschaftsminister, Vertreter der Industrie als Lobbyisten für einzelne Wirtschaftsbereiche zu ernennen. Zum Leiter der »Reichsgruppe Energiewirtschaft« wurde

Karl Kräcke von der Berliner BEWAG ernannt. Dieser bereitete – zusammen mit den übrigen Vertretern der Stromindustrie – den großen Coup zur Sicherung der künftigen Monopolstellung vor. Dabei kam es zu Interessenkollisionen mit den Nazis, weil diese zugleich eine »unverwundbare« Energiestruktur befürworteten, weshalb sie dann später (1938) die Reichsarbeitsgemeinschaft »Windkraft« gründeten. Andererseits waren – etwa für die Flugzeugproduktion – Großkraftwerke unumgänglich. Die Reichsgruppe Energiewirtschaft legte im Jahre 1935 in einem Gutachten ihre Grundsätze vor, indem sie einerseits forderte, daß Strom künftig sicher und billig zu erzeugen sei und andererseits auf Großkraftwerken und Verbundsystemen bestand. Darüber hinaus befürwortete sie ein Kartell, mit dem sie künftig selbst kontrollieren wollte, wer an welcher Stelle Kraftwerke bauen durfte.

Es überrascht also nicht, daß im Energiewirtschaftsgesetz von 1935 geradezu ideale Bedingungen für die Errichtung von Monopolen und für die Entrechtung von Verbrauchern und Kommunen geschaffen wurden. Schon in der Präambel heißt es: »Um die Energiewirtschaft ... einheitlich zu führen ..., die Energiearten wirtschaftlich einzusetzen ..., schädliche Auswirkungen des Wettbewerbs zu verhindern, einen zweckmäßigen Ausgleich durch Verbundwirtschaft zu fördern und so sicher und billig wie möglich zu gestalten, hat die Reichsregierung das folgende Gesetz beschlossen«; d. h. also, auch die Reichsregierung hatte sich Verbundwirtschaft und Ausschaltung des Wettbewerbs angeeignet. Im § 6 wurde die allgemeine Anschluß- und Versorgungspflicht für die Erzeuger zur Auflage gemacht. Versorgte sich aber ein Verbraucher selbst, so verlor er sein Anschlußrecht. Das Energieversorgungsunternehmen (EVU) diktierte die Anschlußbedingungen.

Durch diese Regelungen war das Verhältnis zwischen Erzeuger und Verbraucher von vornherein das von David zu Goliath. Mit dem Gesetz wurde außerdem – vgl. § 1 – der Generalinspekteur für Wasser und Energie installiert, der die staatliche Aufsicht im Auftrag des Reiches ausübte. 1941 wurde dieses Amt dem Reichsminister für das deutsche Straßenwesen, Fritz Todt, übertragen, der den Technokraten des Nationalsozialismus verkörperte, indem er mit immer gleicher Präzision den Bau der Reichsautobahn und des Westwalls, den Aufbau der Rüstungs- und Munitionsindustrie und schließlich den Aufbau des großen Stromverbunds und der Großkraftwerke organisierte. Mit der Eingliederung der Elektrizitätserzeugung in die Organisation »Todt« lief die Rüstungsproduktion auf vollen Touren, denn sie brauchte Elektrizität für die Produktion von Edelmetallen, vor allem von Aluminium, da z. B. für die Herstellung einer Tonne Aluminium 20 000 Kilowatt Strom benötigt wurden. Alexander Friedrich beschrieb dieses Problem 1940 in dem Buch mit dem bezeichnenden Titel *Die unsichtbare Armee. Das Buch der Energie*:

> »In den Jahren 1933 und 1934 kam es zunächst darauf an, die Energiewirtschaft zu einer möglichst umfangreichen Mitwirkung an der Arbeitsbeschaffung anzuregen ... Noch wichtiger war es, die Energiewirtschaft endlich wehrfähig zu machen ...«

Diese Bewertung der Energie für Rüstungszwecke deckt sich mit dem Vortrag des Hauptgeschäftsführers Prof. Dr. M. Haas, den dieser 1941 vor der Gesellschaft von Freunden der Technischen Hochschule Berlin zu Charlottenburg hielt. Er führte dabei u. a. aus:

> »Es spricht für den Führer und seine Wirtschaftskapitäne, daß diese Fehler [im Ersten Weltkrieg keine Aluindustrie aufzubauen – was in dieser Form sachlich unzutreffend ist – H. J. R.] ... sich ab 1933 nicht wiederholten und daß Deutschland heute die Weltführung auch auf dem Aluminiumgebiet innehat und -halten wird.«[7]

Aber Haas plante auch schon für die Zeit nach dem »Endsieg« die nichtmilitärische Anwendung des Aluminiums, denn auf die Frage »Wie beurteilen Sie die Auswirkungen dieses gigantischen Kriegsausbaus der Leichtmetallindustrie mit Rücksicht auf demobile Friedensverhältnisse?«, antwortete er:

> »Ein hochgezüchteter Flugzeugbau wird sicherlich auch in Friedenszeiten seine Bedeutung haben ... Schneidet man ein Segment aus einem Flugzeugrumpf heraus und isoliert es unter beiderseitigem Verschluß, so hat man den idealen Container, den Behälter, wie wir ihn für die Kühlkette der Zukunft gebrauchen ... Der Maschinen- und Apparatebau wird sich gern der Leichtmetalle bedienen, sei es, um das Gewicht der bewegten Massen zu vermindern und damit Energie zu sparen, oder im Gesamtgewicht den Export zu erleichtern, oder sei es, um sich die chemische Widerstandsfähigkeit zunutze zu machen. Dieses letzten Vorteils wird sich besonders die Nahrungsmittelindustrie bedienen. Sollte Zinn nach Europa wieder hineinfließen, so wird es bestimmt zivil und wehrwirtschaftlich vernünftigeren Einsatz finden, als in der bisherigen Domäne der Konservendose. Diese bleibt dem lackierten Schwarzblech und dem Aluminium vorbehalten ... Die in Friedenszeiten begonnene Durchsetzung der Innen- und Außenarchitektur mit Leichtmetallen wird in dem ihnen zustehenden Maße eine große Erweiterung finden.«[8]

Die Coladose, die Tiefkühlkette, die Aluglasfassade waren also durch ein kriegsbedingtes Überangebot von Aluminium vorprogrammiert. Die Energiewirtschaft schuf sich einen Markt von Produkten, die mit höchstem Stromverbrauch produziert wurden und auf andere Weise wesentlich sparsamer hätten hergestellt werden können.

Nach dem Zweiten Weltkrieg wurde die Struktur des Energiewirtschaftsgesetzes von allen Bundesregierungen ohne wesentliche Änderungen übernommen. Das Gesetz wird noch heute bezeichnet wie damals, der Minister heißt darin immer noch Reichswirtschaftsminister, die Aufsicht übt nun ein Generalinspektor (!) aus, und die deutsche Energiewirtschaft untersteht theoretisch immer noch der Aufsicht des Reiches, obwohl dieses 1945 unterging. Der Strom soll wie damals billig und sicher hergestellt werden, und die Anschluß- und Versorgungspflicht besteht weiter. Die Energiewirtschaftsunternehmen haben es in der Nutzung des »Reichswirtschaftsgesetzes« zu einer wahren Meisterschaft gebracht: Je nach politischer Notwendigkeit berufen sie sich entweder darauf, daß sie den Strom sicher oder daß sie ihn billig herstellen müssen.

Die Umwelt kam in dem Gesetz von 1935 schon nicht vor, und sie kommt auch heute nicht vor. So wird die Forderung, den Strom umweltschonend herzustellen und zu verbrauchen, immer wieder mit den Notwendigkeiten des Gesetzes, unter denen die Energieerzeugungsunternehmen geradezu leiden, abgelehnt. Die allgemeine Anschluß- und Versorgungspflicht wird so ausgelegt, als ob jede gewünschte Strommenge an jedem beliebigen Ort zu jeder Zeit und an jeden Verbraucher geliefert werden müßte – eine Art »freiheitlich-elektrische Grundordnung« wird etabliert. An allen möglichen und unmöglichen Stellen werden immer größere Kraftwerke errichtet und nach und nach alle Landschaften durch riesige Hochspannungsleitungen, die den Verbund garantieren sollen, verschandelt. Die Überkapazitäten werden mit der Versorgungspflicht begründet und eine immer größere Landnahme für Kraftwerke – auch durch gerichtliche Verfügungen – erzwungen. Dabei wird mit allen möglichen Tricks gearbeitet: So wurde zum Beispiel einer kleinen Stadt, Petershagen an der Weser, ein Kraftwerksstandort dadurch schmackhaft gemacht, daß man der Stadt Arbeitsplätze, ein beheiztes Bad sowie hohe Gewerbeeinnahmen aus dem Betrieb des Kraftwerks versprach. Nachdem das Kraftwerk vollendet war, wurde der Firmensitz der Betreibergesellschaft in eine andere Stadt verlegt, und die Kleinstadt blieb zurück mit einem weithin sichtbaren Großkraftwerk und einer Kurklinik, die durch den Anblick des

Großkraftwerks an Bedeutung verloren hat. Darüber hinaus führt die Rationalisierung im Kraftwerksbereich selbst zu einem Abbau von Arbeitsplätzen.

Heute besteht das Stromkartell der Bundesrepublik nur noch aus wenigen großen Konzernen unter Führung der allmächtigen RWE. Die Kraftwerksblockgrößen, die bis 1945 maximal 100 Megawatt waren, sind heute auf 1200 MW gewachsen. Erst die Entwicklung solcher Blockgrößen machte den Einsatz der Kernenergie möglich.

Vor dem Krieg stand für die öffentliche Versorgung des Reiches eine Leistung von 5000 MW zur Verfügung, heute stehen 80 000 MW bereit, und es werden laufend mehr. Wenn der Verbraucher zu wenig Strom verbraucht, müssen neue Märkte erschlossen werden. »Strom kommt sowieso ins Haus, nutz das aus«, hieß die Werbekampagne der Kraftwerksindustrie in den fünfziger Jahren. Heute heißt sie: »Strom ist Leben.«

Keine Industrie in der Bundesrepublik konnte sich in der Nachkriegszeit so geschützt von staatlichen Gesetzen entwickeln wie die Energieindustrie. Das Instrument dafür ist das Energiewirtschaftsgesetz von 1935, ein Gesetz, von dem die Bundesregierung in ihrem Energiebericht von 1986 sagt: »Für eine grundlegende Neuorientierung (des Energiewirtschaftsgesetzes) sieht die Bundesregierung keinen Anlaß.« Das Energiewirtschaftsgesetz setzt als Bundesrecht (!!!) den Rahmen, läßt aber den Ländern, die die Energieaufsicht ausüben, den notwendigen Spielraum bei der Anwendung.

Verfolgt man die Geschichte von der Nutzung der Elektroenergie bis zu ihren Ursprüngen, so ging der Weg von einer »weichen« Energie, nämlich der chemischen oder fotovoltaischen Erzeugung von Strom durch Lichtenergie, zu einer »harten«, elektrodynamischen Energie, die die bekannten Umweltprobleme schafft. Darüber hinaus entsteht eine zusätzliche Problematik durch die Eigentumsverhältnisse im heutigen Kraftwerksbereich, die über das Aktionärsprinzip auf Gewinnmaximierung ausgerichtet sind und so auch den Stromverbrauch in unsinnigen Bereichen, beispielsweise zur Wärmeerzeugung propagieren müssen. Diese Ziele widersprechen eindeutig einer künftigen Energieversorgung, denn diese muß kleinteilig, dezentral und sparsam sein.

Eine solche Politik läßt sich nicht mit Großkraftwerken und Verbundsystemen durchsetzen, weil durch sie die Energieverschwendung gefördert wird. »Immerhin habe sich das Geschäftsjahr 1986/87 gut angelassen, der Stromverbrauch nahm in den ersten vier Monaten um 3,4% zu, der Gewinn stieg ebenfalls« – so berichtete der Tagesspiegel vom 29. 11. 86 über die Bilanzpressekonferenz der BEWAG.

Kernenergie – der Anfang vom Ende

Angesichts des CO_2- und des Rauchgasproblems der Kohle erscheint die Kernenergie trotz Harrisburg und Tschernobyl plötzlich für ihre Befürworter eine neue, umweltfreundliche Bedeutung zu erhalten. Sie belastet die Atmosphäre nicht mit CO_2, sie gibt weniger Schadstoffe ab, und sie steht scheinbar in genügender Menge zur Verfügung.

Eines der schwerwiegendsten Probleme der Kernenergie ist jedoch die Langzeitwirkung auch sehr geringer Strahlendosen auf die Menschen. Und gerade, weil wir darüber noch so wenig wissen, scheint mir darin die größte Gefahr zu liegen, denn wir treffen heute Entscheidungen über mögliche genetische Veränderungen künftiger Generationen – mit einer Technologie, die wir erst seit 50 Jahren kennen, deren Auswirkungen man aber frühestens in 100 Jahren sehen wird.

Darüber hinaus sprechen gegen die derzeitige Nutzung der Kernenergie weitere drei Argumente: 1. das Entsorgungsproblem, 2. die Belastung der Atmosphäre mit Abwärme und 3. das Sicherheitsproblem.

Würde man künftig weltweit einen größeren Teil der heute verbrauchten Gesamtenergie durch die Kernenergie substituieren, so würde im Vergleich zu konventionellen Kraftwerken die Abwärme verdoppelt, denn Kernkraftwerke haben konstruktionsbedingt einen niedrigen Wirkungsgrad und müssen wegen ihres Gefahrenpotentials in größeren Entfernungen von Ballungsgebieten errichtet werden, so daß eine wirtschaftliche Nutzung der Abwärme für Fernheizzwecke nicht möglich ist. Rechnet man den Weltstrombedarf hoch, so benötigte man mindestens 3000 bis 5000 Kernkraftwerke von je 1300 Megawatt, um ihn zu decken. Die Abwärme dieser Kraftwerke würde mit Sicherheit zu einer beträchtlichen Erhöhung der Erddurchschnittstemperatur mit den bekannten Auswirkungen für das Klima führen. Allein dies reichte eigentlich als Begründung aus, um diese Technologie noch nicht einmal als Übergangstechnologie zu nutzen.

Bei der Betrachtung der Sicherheitsproblematik fällt zunächst einmal auf, daß die entsprechenden Vorkehrungen bei Kernkraftwerken nicht von den Betreibern getroffen wurden, sondern entweder von Bürgerinitiativen gerichtlich erzwungen, wie z. B. das »Containement«, oder nach Unfällen entwickelt wurden. Das aktuellste Beispiel hierfür ist die Erfindung des sogenannten »Wallmann-Ventils«, das es zwar in der Praxis noch gar nicht gibt, das aber jetzt schon als die sicherste Vorkehrung für die Beherrschung eines GAU oder Super-GAU angesehen wird. Die Art des Umgangs mit der Sicherheitsfrage wird erst dann verständlich, wenn man sich die Grundzüge der zeitlichen Entwicklung der Kernenergie klarmacht.

Nach der Entdeckung der Kernspaltung durch Otto Hahn und Fritz Straßmann (1938), wurde schon 1940 von S. Flügge in Berlin ein erstes Modell eines Reaktors entwickelt. Während des Nationalsozialismus sah man in der Kernenergie zunächst nur eine Quelle für die Stromerzeugung.

So beschreibt A. Friedrich bereits 1940 in seinem Buch *Die unsichtbare Armee* einen ersten Entwurf für einen Reaktortyp zur Stromerzeugung.

> »Dr. Flügge vom Dahlemer Forschungsinstitut hat darauf hingewiesen, daß es zur Abschwächung dieser Lawine nötig ist, dem Uran andere Stoffe zuzusetzen. Diese Stoffe sollen gleichzeitig auch dafür sorgen, daß die Neutronen innerhalb der Substanz möglichst kurze Wege zurücklegen, damit man mit einer verhältnismäßig geringen Uranmenge auskommen kann. Aus diesen Überlegungen heraus schlägt er eine ›Uranmaschine‹ vor, die er sich etwa folgendermaßen denke: ›Es werden 4,2 Tonnen Uranoxyd (1 Kubikmeter) mit 56 Gramm Kadmium gut vermischt und das Ganze mit 280 Liter Wasser aufgeschlemmt. Eine solche Anordnung sollte – vorbehaltlich der zur Zeit immer noch großen Unsicherheit, mit der alle Zahlenangaben behaftet sind – bei einer Temperatur von 330 Grad Celsius langsam verbrennen. Man könnte etwa daran denken, daß das bei dieser erhöhten Temperatur ständig verdampfende Wasser durch eine Berieselung fortlaufend ersetzt wird und der entweichende Wasserdampf zur Speisung einer Dampfmaschine benutzt wird. Die gesamte Energie, die bei dieser Anordnung nach und nach frei wird, reicht etwa aus, um den ganzen Elektrizitätsbedarf des Deutschen Reichs ein Jahr lang zu decken.‹«[9]

An einer anderen Stelle erklärt Friedrich sehr deutlich die Vorstellungen, die die Nationalsozialisten mit der Nutzung der Elektrizität verbanden. Es waren Weltmachtvorstellungen, die davon ausgingen, daß allein durch die Erzeugung sehr großer Elektrizitätsmengen künftig die

Waffen hergestellt werden könnten, die zur Erringung der Weltmacht durch die deutschen Nationalsozialisten notwendig waren.

Angewandt wurde diese Energieform aber zuerst in der Atombombe. Die Forschung war in militärähnlicher Form organisiert und unterlag strengster Geheimhaltung. Für das sog. Manhattan-Projekt in Los Alamos, New Mexico, wurde in den USA 1940 ein Forschungszentrum aufgebaut, nur um die Atombombe zu entwickeln. An Sicherheit war damals gar nicht zu denken. Sie widersprach geradezu dem militärischen Anwendungsbereich. Die Aufträge, das Geld und die Verwaltung für die Forschung kamen unmittelbar von der amerikanischen Regierung – unter besonderer Berücksichtigung des Verteidigungsministeriums. Besonderer Wert wurde in diesem Zentrum auf die Zusammenarbeit mit der Rüstungsindustrie gelegt. Erst General Eisenhower versuchte 1955, die Kernenergie durch die Genfer Atomkonferenz vom Geruch des Militärischen zu befreien. Dabei blieb zunächst völlig unklar, welche Funktion der neuen Energieform zugedacht war, ob sie nur eine Zusatzenergie oder eine Grundlastenergie sein sollte oder ob sie nur in bestimmte Aggregate eingebaut werden sollte. In dieser ersten zivilen Phase gab es zahlreiche Pläne, nach denen die Kernenergie in Schiffen, Lokomotiven oder gar in Raketen genutzt werden sollte.

Die Entwicklung der Kernenergie in der BRD durchlief bisher vier Phasen: Die erste Phase nach der Gründung des Bundesministeriums für Atomfragen unter Minister Franz Josef Strauß –, war scheinbar gekennzeichnet von Ratlosigkeit und Technikeuphorie. Ratlosigkeit, weil die Funktion der Kernenergie unklar war, Euphorie, weil alle vom billigen Atomstrom träumten.

Heute dürfte allerdings klar sein, daß der erste Minister, Franz Josef Strauß, mit dieser Technik sehr dezidierte Pläne verband. Es hat sich dabei wohl nicht allein um Technikeuphorie gehandelt, die Strauß auch später in vielen anderen Fragen – Airbus, Weltraumfahrt u. a. – zeigte. Er erkannte hier von Anfang an die Chance für den Süden der Bundesrepublik Deutschland, die traditionellen Energieversorgungszentren Ruhrgebiet und Rheinisches Braunkohlenrevier langfristig zu schwächen und dem Süden eine neue Funktion zu geben. In diese Strategie paßt auch die Ölpolitik des damaligen Wirtschaftsministers Erhard, der ebenfalls das Ruhrgebiet schwächte, indem er den deutschen Energiemarkt für die großen Ölimporte öffnete.

Die zweite Phase unter Siegfried Bahlke war durch dessen Aussage gekennzeichnet: »Wenn wir keine Kernkraftwerke mehr bauen, werden wir eines Tages keine Staubsauger mehr verkaufen können« und »wenn es gegenwärtig irgendwo auf der Welt vielleicht doch schon geeignete Standorte für Kernkraftwerke gäbe, dann vielleicht in der Arktis und auf den ozeanischen Inseln«. Kurz, unter Bahlke hatte die Kernenergieforschung keine energiepolitische, sondern ausschließlich eine wissenschaftlich-technologische Bedeutung.

Die dritte Phase begann 1972 mit der sog. Energiekrise. Die Kernenergie erhielt nun eine Funktion als Substitut für das knapp werdende Erdöl. Die Kernenergie wurde die künftige Grundlastenergie. In dieser Phase entwickelte man die großen Ausbaupläne.

Zur Zeit befinden wir uns in der vierten Phase, denn nun wird die Kernenergie plötzlich zur umweltfreundlichen Alternative für die fossilen Energien.

Betrachtet man die vier Phasen genauer, so wird man feststellen, daß je nach der Funktion der Kernenergie völlig andere Sicherheitsanforderungen an diese Technologie zu stellen gewesen wären. Weiterhin hätte man von vornherein als Schwerpunkt der Forschung nicht die Frage der Energieerzeugung stellen müssen, sondern die Frage der sicheren Handhabung. Dies wurde aber verhindert durch die Forschungsorganisation in den Kernforschungszentren Karlsruhe und Jülich. Diese übernahmen große Teile der Organisationsstrukturen des Manhattan-Projekts, organisierten sich also in militärähnlicher Form. Weiterhin wurde die Forschung so organisiert, daß sie möglichst eng mit den Nutzern, d. h. den Energieerzeugern und den Kraftwerksbauern verbunden war. Sie wurde universitätsfern aufgebaut und dabei direkt von den Ministern kontrolliert. Sie entzog sich weitgehend demokratischen Überprüfungsprinzipien, wie sie für die Forschung in einem freiheitlichen Rechtsstaat entwickelt wurden.

Man muß also feststellen, daß für die Kernenergieforschung in diesen Zentren die Freiheit von Forschung und Lehre weitgehend durch sehr konkrete Aufträge ersetzt wurde. Im nachhinein erweist sich die Konstruktion dieser Großforschungseinrichtungen als einer der schwerwiegendsten Fehler in der Forschungspolitik der Nachkriegszeit, denn vor allem die monodisziplinäre Entwicklung in diesen Einrichtungen schuf energieplanerische Abhängigkeiten, die heute bewältigt werden müssen.

Der Unfall von Harrisburg zog kein neues Sicherheitsdenken nach sich, sondern demonstrierte scheinbar, daß die Kernenergie trotz eines GAU beherrschbar sei. So wurde auch bei den Konstrukteuren und Befürwortern der Kernenergie mehr Sicherheit als Unsicherheit erzeugt.

Erst der Unfall von Tschernobyl eröffnete einen neuen Ausblick auf die Sicherheitsproblematik der Kernkraftwerke. Danach wurde deutlicher, daß die Diskussion über die Sicherheit nicht beendet war, sondern erst begann. Die Kernenergie schuf eine neue Dimension eines Unfallrisikos, das mit bisherigen zivilen Risiken nicht vergleichbar ist. Auch heute noch unumstritten ist, daß ein Super-GAU in einem Ballungsgebiet wie Hamburg in kürzester Zeit Zehntausende von Toten verursachen würde. Die Katastrophe von Tschernobyl hat gezeigt, daß niemand auch nur im geringsten auf diese Situation vorbereitet war. Erst nach dem Unfall wurde ein Rattenschwanz von Gesetzen und Verordnungen erlassen.

Dieser Vorgang zeigt deutlich, daß wir auch im Rahmen der Kernenergiesicherheit noch im Zeitalter von »trial und error« leben, und dies ist eigentlich auch die einzige Methode, mit der Menschen bisher durch ihr Denken technische Systeme beherrschen lernten. Wir geraten mit der Kernenergie aber an die Grenzen unseres Denkens.

Die Kernenergie stellt uns mit ihren Risiken vor Aufgaben, die wir weder mit unseren Denkmethoden noch mit unserem Denkvermögen lösen können, denn wir müßten das Undenkbare denken. Dieser Satz, der scheinbar trivial ist, umfaßt das eigentliche Problem der Sicherheitstechnik, die schließlich keine nachsorgende Technik ist, die ihre Lehrsätze aus Unfällen herleitet, sondern vorausschauen soll. Die Sicherheit der Kernenergie fordert eigentlich eine exakte Zukunftswissenschaft. Analysiert man z. B. die Unfälle von Tschernobyl, Harrisburg oder die Beinahunfälle von Cattenom, Stade oder Hamm-Uentrop, so sind jedesmal Ereignisse eingetreten, die in den Szenarien für mögliche Unfälle nicht vorgesehen waren, weil sie eben undenkbar schienen.

Welcher Elektriker wird zum Beispiel heute mit einer Kerze nach einem Defekt an einem Kabel suchen? Welcher verantwortungsbewußte Techniker macht mit einem Kernkraftwerk einen so wahnwitzigen Versuch wie in Tschernobyl? Welcher Kernkraftwerkswärter würde vergessen, einen Schieber zu schließen, der zu einem Kühlwasserverlust von Millionen Litern führt – wie in Cattenom? Welcher Konstrukteur legt die Pumpen bei der Konstruktion so aus, daß zur Beseitigung des Wasserschadens die Feuerwehr aus den umliegenden Orten gerufen werden muß? Die Undenkbarkeiten dieser Vorgänge wurden erst denkbar, als sie geschehen waren; sie haben den Nachteil, zufällig zu sein, und sie reihen sich ein in eine Kette von Unfällen, die in ihrer Anzahl unendlich sind.

Die möglichen Kausalverquickungen, die allein im technischen Bereich einer so komplizierten Anlage ablaufen, sind ebenfalls unendlich und können daher bisher nur mit mathematischer Annäherung erfaßt werden. Die dabei auftretenden rechnerischen Verluste sind im normalen technischen Bereich vernachlässigbar, weil das dabei auftretende Risiko begrenzt ist. Ihre Bedeutung wächst aber ins Totale, wenn die Gesamtbedrohung eines technischen Systems so groß ist, wie sie eben ein Kernkraftwerk darstellt. Die Bedeutung von Risiken kann nur im Zusammenhang mit dem größtmöglichen Personenschaden, der daraus entstehen kann, gesehen werden. Das Risiko, das von dem Betrieb eines Großflugzeugs ausgeht, beträgt maximal 1000 Tote, wenn zwei solcher Flugzeuge im Extremfall zusammenstoßen. Obwohl die Wahrscheinlichkeit klein war, hat es solch einen Unfall gegeben. Das Unfallrisiko beim Betrieb eines Großschiffes wie der Titanic betraf ca. 3000 Menschen; auch diesen Unfall gab es. Das Risiko bei der extrem sicheren Weltraumfahrt betrug maximal 10 Personen; auch da geschah die Katastrophe. Obwohl dieser Unfall sehr unwahrscheinlich war, reichte er aus, diese Technik für mehrere Jahre außer Kraft zu setzen.

Nur das Risiko beim Betrieb eines Kernkraftwerkes wird bisher nicht direkt als ein solches bezeichnet, sondern heißt verharmlosend »Restrisiko«. Darüber hinaus wurde durch mehrere Risikostudien mit wissenschaftlichen Taschenspielertricks an der Risikoberechnung selbst herummanipuliert. So versuchte beispielsweise der berühmte Rasmussen-Bericht aus den USA vom Ende der siebziger Jahre, die Wahrscheinlichkeit des Eintritts eines Super-GAUs in eine unendlich ferne Zeit zu rücken, indem behauptet wurde, die Möglichkeit, daß ein solcher Vorfall eintrete, sei nur einmal in 10 000 Jahren denkbar. Damit wurde erstens suggeriert, dieser Unfall trete erst in 10 000 Jahren ein, und zweitens, ein solcher Unfall sei extrem unwahrscheinlich.

Jeder, der sich in mathematischen Modellen auch nur ein wenig auskennt, weiß, daß die konkrete Angabe 10 000 Jahre nur den Zeitraum angibt, nicht aber den Zeitpunkt, an dem ein Ereignis stattfinden kann. Es ist also gleichzeitig wahrscheinlich und unwahrscheinlich, daß ein großer Unfall geschieht. Dabei gibt es keine Möglichkeit auszuschließen, daß der Unfall auch schon morgen eintritt.

Die beiden großen Unfälle von Harrisburg und Tschernobyl haben diese mathematische Trivialität in eindeutiger Weise belegt. Dabei umfaßt dieser Teil des »Restrisikos« nur die technischen Aggregate in ihrer Gesamtfunktion. Neben diesem Risiko gilt weiterhin der triviale Satz: Je mehr Sicherheit eingebaut wird, um so mehr Unsicherheit entsteht. Auch dies ist eigentlich einfach zu verstehen, denn je mehr technische Elemente ein Gesamtsystem ausmachen, um so mehr technische Elemente können potentiell ausfallen. Darüber hinaus gibt es hierarchische Unterschiede zwischen den einzelnen Funktionsbereichen, die in den unterschiedlichen Sicherheitsstufen verschiedene Wahrscheinlichkeiten für Sicherheit und Unsicherheit haben.

Aus diesem komplexen Zusammenwirken mit einer unendlich großen Zahl von Verknüpfungen können Teilzusammenbrüche und Gesamtzusammenbrüche entstehen. Man kann also den Schluß ziehen: Je mehr Unfälle entstehen, desto mehr Sicherheit wird eingebaut und desto mehr Unsicherheit entsteht für die Gesamtanlage. Darüber hinaus enthält jedes neukonzipierte Element, wie zum Beispiel das neue Überdruckventil, die psychologische Wirkung auf die Bedienungsmannschaft, das Kraftwerk werde immer sicherer. Das bedeutet, daß die einzelnen Sicherheitsstufen durch die suggerierte Sicherheit immer weiter ausgereizt werden. Auch dies führt insgesamt nicht zu mehr, sondern zu weniger Sicherheit.

Einer der wesentlichen Gesichtspunkte der Sicherheit von Kernkraftwerken ist der Einsatz der Bedienungsmannschaften, d. h. der Mensch in seinem Zusammenwirken mit dem System, mit anderen Menschen bzw. ganzen Gruppen und mit seinen Handlungsspielräumen, Entscheidungsstrukturen und seinem Denken. Er unterscheidet sich grundsätzlich von allen mechanischen, elektronischen und kybernetischen Systemen. Sein Denken ist grundsätzlich rational, emotional und irrational zugleich. Bei der Analyse der Unfälle von Harrisburg, Tschernobyl, Seveso (Hoffmann la Roche) und Basel (Sandoz) erkennt man folgende Gesetzmäßigkeit: Wenn eine bestimmte Eskalationsstufe im Unfallgeschehen erreicht ist, versuchen die leitenden Ingenieure und Bedienungsmannschaften immer eifriger, den Unfallablauf mit eigenen Mitteln zu stoppen. Dies führt zu immer größeren Verstrickungen in schwerwiegende Folgeprobleme. Die nächste Eskalationsstufe ist der fast krankhafte Versuch, der Öffentlichkeit die Probleme so lange wie möglich zu verschweigen. Diese Stufe hat sehr oft eine höchst kriminelle Komponente, wie zum Beispiel der Versuch von Hoffmann la Roche, die Rückstände des Seveso-Giftes durch den Transport quer durch Europa verschwinden zu lassen. Ist die erste Stufe der Kriminalität erreicht – und auch das war in jedem der aufgezeigten Unfälle so –, dann ist die Katastrophe vorprogrammiert.

Das Risiko, sein Ansehen zu verlieren, treibt den Handelnden in immer risikoreichere Entscheidungen. Die Abfolgeanalyse ist eigentlich bekannt, wird aber z. B. beim Betrieb von Kernkraftwerken nicht angewandt, weil sie nicht durch ein noch so gutes Verhaltenstraining lösbar ist, sondern nur durch die Verringerung des Endrisikos im Falle einer Katastrophe. Das bedeutet, die Entscheidung über Leben oder Tod von 10 000 oder 100 000 Menschen kann keinem Einzelmenschen oder auch keiner kleinen Gruppe übertragen werden, ohne daß es zu Katastrophen kommt. Solche Entscheidungen sind nur mit Kriegsereignissen vergleichbar und von vornherein irrational zu nennen.

Zu diesem Faktor des unlösbaren Entscheidungsdrucks gesellt sich ein weiterer wesentlicher Faktor menschlichen Handelns, die Routine. Durch Routine werden Funktionsabläufe in der Regel stabilisiert, d. h., je länger Menschen eine Funktion ausüben, um so besser können sie sie ausüben. In dieser Routine liegt aber die größte Unfallgefahr. Jeder, der große Organisationen analysiert hat, weiß, daß beim Zusammenwirken von Menschengruppen und Maschinensystemen auch durch beste Organisationsformen Teilzusammenbrüche oder Gesamtzusammenbrüche nicht verhindert werden können. Die Routine ist der Feind des krisenhaften Handelns, sie verhindert das Erkennen der Krise und führt zur Eskalation. Die Bedienungsmannschaften von Kernkraftwerken sind heute solchen psychologischen Belastungen ausgesetzt, weil die Kraftwerke selbst in der Regel völlig automatisch laufen. Die Mannschaften sind zur totalen Untätigkeit verurteilt und sollen nur im Falle unvorhergesehener Zwischenfälle Funktionen ausüben. Man stelle sich vor, ein Mensch müsse 30 Jahre eine Funktion ausüben, die darin besteht, nichts zu tun, aber im 31. Jahr tritt der Fall ein, auf den er vor 30 Jahren vorbereitet wurde und den er in Zwischentrainings immer wieder vor sich gesehen hat. Er wird zunächst gar nicht glauben, daß der Fall eingetreten sei, und dann wird er alles, was er tut, zu spät tun.

Ein weiteres Element der totalen Unsicherheit kommt hinzu. Man stelle sich vor, ein Kernkraftwerk wird in die Nähe einer Zweimillionenstadt wie Hamburg gebaut. Aus den genannten Gründen muß unbedingt damit gerechnet werden, daß mit großer Wahrscheinlichkeit der größtmögliche Unfall, der Super-GAU, eintritt. Daher gibt es grundsätzlich nur zwei Möglichkeiten, um die Bevölkerung zu schützen: Entweder man erprobt alle Vorkehrungen, die mit dem Betrieb zusammenhängen, also auch die Evakuierung einer Zweimillionenstadt, oder man kann Anlagen dieser Art nicht bauen. Jeder vernünftige Mensch weiß, daß eine Evakuierung in den Zeiträumen, die auch bei den heutigen sicheren deutschen Kernkraftwerken zur Verfügung stehen, nicht möglich sein wird. Darüber hinaus hat das neueste TÜV-Gutachten über die Kraftwerke Stade und Brokdorf ergeben, daß im Ernstfall für eine Evakuierung nur drei Stunden Zeit bliebe! Allein der Stadtverkehr würde verhindern, daß auch nur ein kleiner Teil der Gesamtbevölkerung Hamburgs evakuiert werden könnte. Wenn man das nicht so genau wüßte, dann hätte man es schon längst probiert. Das bedeutet, daß es auch hier keine Sicherheit gibt.

Zu welchen Auswirkungen auch nur kleine Unfälle führen können, zeigte sich bei der Vergiftung des Rheins. Ein unabsichtlich ausgelöstes Sirenengeheul in den Städten Düsseldorf und Köln legte für 1½ Stunden sämtliche Telefonleitungen der Polizei lahm, und es gab noch nicht einmal die technische Möglichkeit, die Telefonleitungen trotz des offenkundigen Fehlalarms funktionsfähig zu halten.

Ich will hier ganz außer acht lassen, wie absolut unfähig die deutschen Behörden auf den Kernkraftunfall im fernen Tschernobyl reagiert haben. Die Behauptung, sie würden im Falle eines solchen Unfalls in Deutschland anders reagieren, ist durch den Giftunfall im Rhein eindeutig widerlegt. Auch nach fünf Tagen war es diesen Behörden nicht möglich, für die gefährdeten Gemeinden am Rhein ein Trinkwasserreservoir anzulegen. Was wird eigentlich passieren, wenn das Kernkraftwerk Biblis doch in einem Super-GAU durchgeht?

Faßt man diesen Erkenntnisstand zusammen und wendet ihn auf das Kernkraftwerksszenarium des 21. Jahrhunderts an, so ergibt sich folgende Situation: Sollte zu diesem Zeitpunkt zur Deckung des Weltenergiebedarfs die Kernenergie nur zu einem Teil genutzt werden, so müßte mit einem Bestand von weltweit mindestens 3000 Anlagen gerechnet werden. Rechnet man die jetzige Unfallhäufigkeit hoch, und sie wird wegen des Alters der Anlagen und der Routine der Betreiber eher zu- als abnehmen, so ist in diesem Falle mit einem GAU pro Jahr und regelmäßigen Super-GAUs zu rechnen.

Der Bundesminister für Umweltschutz erklärte nach der Katastrophe von Tschernobyl in einem Zeitungsinterview, daß nach einem größten Kernkraftunfall in der Bundesrepublik Deutschland selbstverständlich die friedliche Nutzung der Kernenergie beendet sei. Es klingt beinah makaber, denn eigentlich sagt er ja: Es muß erst einen Super-GAU geben, bevor wir uns von der Kernenergie verabschieden.

Die »elektrische Aufrüstung« des Haushalts oder »Wohin mit dem Überschuß?«

Die Einzelhaushalte in der Bundesrepublik Deutschland verbrauchen heute ca. 44% der Primärenergie, die Industrie 38% und der Verkehr ca. 18%. Wir können dieses Problem aber auch anders betrachten: Geht man davon aus, daß die Rüstung als nichtproduktiver Bereich ca. 10% (geschätzt) der Gesamtenergie verschwendet, dann werden von den Einzelhaushalten – auch wenn die Bundesrepublik 1986 einen erheblichen Exportüberschuß aufweist – 90% direkt oder indirekt verbraucht. Wendet man sich dem statistischen Einzelhaushalt mit vier Personen (Eltern und zwei Kinder) zu, so verteilen sich die einzelnen Verbrauchsbereiche folgendermaßen: auf Heizung entfallen 56%, auf Warmwasser 6%, auf elektrische Geräte 6,4%, auf das Auto 31% und auf Licht ca. 0,6%.

Offenkundig ist demnach, daß große Sparpotentiale im Heizungs- und Automobilbereich liegen. Da die elektrischen Geräte im Haushalt, die den größten Strombedarf haben – Waschmaschinen, Geschirrspüler u. ä. –, zur Wärmeerzeugung benutzt werden, kann man sie gemeinsam mit der Warmwasserbereitung betrachten und kommt so immerhin auf einen Anteil von 12% – auch hier sind Sparreserven vorhanden.

Eine der Ursachen für den hohen Energieverbrauch der Haushalte liegt in den schlechten Wirkungsgraden, die hier erreicht werden. Der Gesamtwirkungsgrad unseres Energieverbrauchs liegt bei 25%, d. h., 25% der Primärenergie kommt in den Einzelhaushalten an. Dort wird sie aber von Geräten verbraucht, die konstruktionsbedingt einen Wirkungsgrad haben, der zwischen 10 und 30% schlechter ist als der vergleichbarer Profigeräte. Dies ist leicht an Einzelbeispielen feststellbar. Eine beliebige Elektrobohrmaschine für Profis hat beispielsweise eine Leistungsaufnahme von 740 Watt und eine Abgabe von 460 Watt. Die Heimwerkerausführung dagegen nimmt 600 Watt auf und gibt 300 Watt ab, d. h., ihr Wirkungsgrad beträgt 50%, während der der Profimaschine mindestens 60% ausmacht.

Kaum ein Haushaltsgerät – Spülmaschine, Waschmaschine – erreicht Wirkungsgrade, die höher als 50% sind, d. h., der Einzelhaushalt nutzt effektiv nur die Hälfte der Energie, wodurch die Gesamtenergienutzung auf 12,5% absinkt. Wenn wir jetzt noch hinzurechnen, daß die Mehrzahl der heutigen Konsumartikel mit einem unsinnigen Aufwand hergestellt bzw. vertrieben wird, beispielsweise dadurch, daß Verpakkungen, Einwegprodukte etc. gekauft werden, so ist evident, daß die Industriegesellschaften die Energie nur noch zu 5% ausnutzen, mit dem Rest den Boden, die Flüsse, die Meere und die Atmosphäre aufheizen sowie die Umwelt mit Schadstoffen, Schwermetallen und vielem anderen belasten.

Wie ist es nun dahin gekommen, daß sich der Energieverbrauch so zu Lasten des Haushalts verschieben konnte, daß er schließlich die Industrie überflügelte?

Bis zur Anwendung der Dampfmaschine und der kohlebefeuerten Raumheizung waren alle Haushalte sonnenenergetische Kreislauforganismen. Die Antriebsenergie war in der Regel Muskelkraft, die Nahrungsenergie kam aus einer sonnenenergetischen Landwirtschaft, und die Reste wurden entweder in den Kreislauf zurückgegeben oder als Dünger der Natur wieder zugeführt. Die Körperpflege wurde ausschließlich sonnenenergetisch betrieben, und auch die kulturelle Unterhaltung verbrauchte keine fossile Energie.

Die Haushalte blieben in der ersten Phase der industriellen Entwicklung von dem fossilen Energieverbrauch weitgehend verschont. Lediglich die Raumheizung wurde durch die Entwicklung der Eisenbahntransportsysteme von Holz und anderen regenerierbaren Energiequellen auf Steinkohle und Braunkohle umgestellt. Diese Umstellung erfolgte vor allem für die großen Städte in nicht einmal 100 Jahren.

Seit der Mitte des vorigen Jahrhunderts verlor der private Haushalt mehr und mehr seine autonome Funktion durch die Entwicklung der großen Versorgungssysteme wie Gas, Wasser, Strom, Telefon, Straßen, Eisenbahn, Rundfunk, Fernsehen, Zentralheizung und durch die großen Entsorgungssysteme wie Kanalisation, Müllabfuhr, Straßenreinigung. Die Privathaushalte wurden schrittweise in diese Organisationssysteme integriert. Die dabei ausgegliederten Teilarbeitsbereiche unterlagen fortan nicht mehr den eigenen Dispositionen der Familien. Die Möglichkeit einer Mitbestimmung bei Fragen der Gasherstellung, Stromerzeugung oder Wasserversorgung war ihnen genommen; sie waren zum Konsumenten degradiert worden, der die Produkte der großen Versorger abnehmen mußte. Die Familienhaushalte lieferten sich der Politik der Großversorger nicht zuletzt deshalb aus, weil diese ihnen die Abhängigkeit mit einem scheinbaren Anstieg an Komfort versüßten.

Hierzu einige Zahlen für die Berliner Entwicklung – *Stromabnehmer der Bewag*:[10]

1885 –	28 Abnehmer
1903 –	10 573 Abnehmer
1920 –	94 899 Abnehmer
1925 –	369 205 Abnehmer
1933 –	1 128 728 Abnehmer

Trotz der 1933 erreichten Anschlußdichte war der Stromverbrauch in den Haushalten noch sehr gering, handelte es sich doch um reinen Lichtverbrauch, wenn man mal von einigen Bügeleisen oder von Luxusausstattungen in einzelnen Haushalten absieht. Strom war schließlich sehr teuer.

Parallel zur skizzierten Elektrifizierung der Haushalte bildete sich in den 20er Jahren eine neue Küchenidee heraus. Taylor hatte in den USA Messungen der Arbeitsleistungen von Hausfrauen durchgeführt und eine neue Arbeitsorganisation für die Speisewagenküche – die Pullmann-Küche – der amerikanischen Eisenbahngesellschaften entwickelt. Hier konnten auf kleinstem Raum Mahlzeiten bereitet werden. Diese Spezialküche wurde fortan zum Modell für die Küchenorganisation insgesamt, wobei andere Funktionen der Küche – z. B. familiärer Kommunikationsraum zu sein – außer acht gelassen wurden. Ein Antrieb für die organisationstechnische Neubesinnung bestand darin, daß es nicht mehr genug Küchenpersonal für die bürgerlichen Haushalte gab. In Deutschland entstand die ›Reformküche‹, die sich im Zusammenhang mit der funktionellen Architektur und der Bauhaus-Bewegung ausbreitete. Ihr klassisches Konstruktionsprinzip war die L-Form, mit der der Hausfrau die Befreiung von langjähriger Mühsal versprochen wurde. Diese neue Freiheit bedurfte natürlich auch des Einsatzes arbeitssparender elektrischer Geräte.

Ein Zusammenhang, der hier gar nicht denunziert werden soll, denn daß es für die heutigen Frauen die Möglichkeit gibt, Beruf und Hausarbeit zu verbinden, hängt zum großen Teil auch davon ab, daß sie Arbeit an Geräte – z. B. die Waschmaschine – abgeben können. Die Hauswirtschaftslehrerin Erna Meyer betonte bereits 1928 in ihrem Werk *Der neue Haushalt*: »Die Hausfrauen selbst sollten in ihrem eigensten Interesse, soweit es ihre Geldmittel irgend gestatten, allmählich aber stetig immer mehr elektrische Apparate verwenden, einmal um die Anschaffungen über einen möglichst großen Zeitraum zu verteilen und sich dadurch zu entlasten, andererseits um doch zu einem ständigen Steigen der Stromabnahme und damit zu seiner Verbilligung gerade für die erst später nachfolgenden breiteren Volksschichten gebührend beizutragen.« Auf diese Weise bekommt selbst Stromverbrauch einen sozialrevolutionären Touch!

Beim Einsatz der elektrischen Geräte war Amerika bis zum Ende des Zweiten Weltkriegs führend. Dort gab es schon Spülmaschinen, Waschmaschinen, Kühlgeräte, Elektrokocher und Elektroherde und fast vollständig elektrisch ausgerüstete Automatikküchen, die wir teilweise noch in älteren Filmen sehen können. Das Ziel der Entwicklung war der vollautomatische Haushalt, in dem Geräte die Versorgung der Familie übernahmen.

Erst in der Zeit nach 1945, als die großen Energieerzeugungsunternehmen einen Ersatzbedarf für den großen Verbrauch der Rüstungsbetriebe finden mußten, entdeckten die Stromerzeuger den privaten Haushalt als Kunden. Die Anschlußwerte wurden laufend erhöht, die Kapazitäten ausgebaut, dem Kunden wurde der Strom zu billigen Einstiegspreisen frei Haus geliefert. Die Haushaltsgeräteindustrie zog nach und bot sehr schnell den »Wirtschaftswunderaufbaumenschen« die Kopien der amerikanischen Vorbilder an.

Der Kühlschrank zog als erstes in die Haushalte ein und verdrängte die Speisekammern, so daß der Küchenbereich erneut verkleinert und rationalisiert werden konnte.

Die Waschmaschine wurde nach und nach zum Standard und ersetzte jetzt nicht nur die schwere Arbeit, die früher beim Waschen geleistet werden mußte, sondern erzeugte das »weißeste Weiß« und das schlechte Gewissen der Hausfrau, die den Gilb noch nicht vertrieben oder ihre Wäsche zwar sauber, aber nicht rein gewaschen hatte. Mit der Waschmaschine wurde der Wahn von Sauberkeit, Reinheit und strahlendem Weiß erkauft.

Nach der Waschmaschine kam die Spülmaschine und schließlich der Trockner, der suggerierte, daß man durch seinen Einsatz unabhängig von der Luftverschmutzung werde. So wirbt z. B. eine große bundesdeutsche Firma: »Keine Verschmutzung durch unsaubere Luft. Mit einem Miele-Wäschetrockner kann man für die Wäsche die Luftverschmutzung vergessen. Denn er hat das, was die ›frische‹ Luft längst nicht mehr hat: Trockene, saubere Luft, frei von Ruß, Vogeldreck, Insekten und anderen Dingen (. . .).«

Dem Trockner folgte der Bügelautomat und parallel zu all diesen großen Geräten das nicht mehr zählbare Heer der Kleingeräte, die in der Regel mehr Aufwand für die Energieerzeugung und die Reinigung brauchen, als sie letztendlich Zeitersparnis für die Hausfrau bringen. Ich will hierzu nur ein paar Kuriositäten aufzählen, wie z. B. den elektrischen Messerschärfer, den elektrischen Dosenöffner, den elektrischen Tischgrill oder den Eierkocher.

Nachdem der Energieverbrauchsmarkt Haushalt entdeckt worden war, suchten die Elektrizitätserzeugungsunternehmen in periodischen Studien nach noch vorhandenen Verbrauchslücken im Strombereich. Dabei sind in erster Linie Sättigungstendenzen interessant, denn wenn 90% aller Haushalte mit Spülmaschinen bzw. Waschmaschinen versorgt sind, gibt es noch zwei Möglichkeiten, den Absatz zu steigern: Entweder man muß in den Markt anderer Energieerzeuger eintreten – beispielsweise in den Gasmarkt –, oder ein neuer Luxusenergieverbrauch muß geschaffen werden.

Beispiele für die erste Möglichkeit sind das elektrische Kochen, das sich auf Kosten des wesentlich besser regelbaren und energiepolitisch vernünftigeren Gaskochens ausbreitete, oder die Nachtstromspeicherheizung, die mit sehr geringem Wirkungsgrad in den Zentralheizungs- und Gasheizungsbereich eindrang. Beispiele für die zweite Möglichkeit sind die diversen Bräunungsgeräte, die extrem hautschädlich sind, die Fitnessgeräte, Heimsaunen, Whirlpools und was die Elektrogeräteindustrie sonst noch alles auf den Markt bringt.

In diesem Zusammenhang ist es interessant, einen Vergleich zwischen der Bundesrepublik und den USA anzustellen, denn fast alle Tendenzen im Konsumgüterbereich, die es in den USA gab, gibt es früher oder später auch in der Bundesrepublik. Die USA haben heute immer noch pro Kopf einen fast doppelt so hohen Energieverbrauch wie die Bundesrepublik, und sie führen damit noch immer unangefochten die Weltspitze an. Dabei dürfte heute der durchschnittliche US-Haushalt die Küche noch weniger nutzen als die Haushalte in der Bundesrepublik. Es wird dort nämlich wesentlich weniger zuhause gekocht, und es sind schon viel mehr Versorgungsprobleme in den sog. Dienstleistungsbereich ausgelagert. Dennoch existiert ein hoher Energieverbrauch, denn die Wohnungen sind durchschnittlich größer als in der Bundesrepublik, die Anschlußwerte der Einzelgeräte sind höher und die Einzelgeräte selbst, vor allem im Kühlbereich, zum Teil größer. Dazu kommen höhere Sättigungswerte der Einzelhaushalte beim Gerätepark und niedrige Strompreise, die geradezu die Stromvergeudung fördern. Ganz entscheidend aber ist die Ausstattung mit Klimaanlagen. Mehr als 50% der US-Haushalte sind heute damit ausgerüstet. Diese Klimaanlagen haben einen Anschlußwert von 5 kW und eine hohe Verbrauchskonstanz, da sie im Sommer und Winter gleichermaßen in Betrieb sind. Hier dürfte der entscheidende Grund des Mehrverbrauchs an Energie – im Vergleich zur Bundesrepublik – zu finden sein.

In der 30 000-Mark-Geräteküche, in der es für jeden Handgriff ein Elektrogerät gibt, das die Arbeit erleichtern soll, wird jedoch immer weniger gekocht. Die Hausfrauen/männer bevorzugen aus Zeitersparnis veredelte landwirtschaftliche Produkte. Man greift zur Tiefkühlkost, die im nur für diesen Zweck konstruierten Mikrowellenherd sekundenschnell auftaut, wärmt Dosengerichte auf oder ißt Toast. Gerade beim Toastbrot zeigt sich ein Problem der Industrieländer: Der Energieeinsatz gegenüber dem Ergebnis verschlechtert sich exponential. 8 Energieeinheiten werden aufgewendet, um 1 Einheit ungetoastetes Brot zu erzeugen, d. h. ½ Liter Erdöl für 1 kg Brot.

Ein anderes Beispiel für Energieverschwendung und Umweltzerstörung ist die Aludose, die, wie bereits erwähnt, während des Zweiten Weltkriegs als Friedensprodukt der Flugzeugindustrie konzipiert wurde. Für zwei Aluminiumdosen von 75 g Gewicht benötigt man zunächst etwa 300 g Bauxit, ein meist aus Entwicklungsländern stammender Rohstoff. Das Bauxit muß mit Natronlauge aufgeschlossen werden. Diese wird durch Elektrolyse, also unter hohem Stromverbrauch, aus Kochsalz gewonnen. Dabei entsteht als weiteres Produkt Chlor, dessen Verwendung wir eine Unzahl von Umweltproblemen – bis hin zum Dioxin – zu verdanken haben. Aus dem Bauxit wird mit Hilfe der Natronlauge Aluminiumoxyd erzeugt, das durch Schmelzflußelektrolyse in Aluminium und Sauerstoff zerlegt wird. Für die Erzeugung des hierzu benötigten Stroms sind etwa 500 g Kohle oder entsprechende Mengen anderer Energieträger, d. h. 2 kWh, erforderlich. Bei der Aufbereitung des Bauxits bleiben etwa 150 g Rotschlamm zurück, in dem die Verunreinigungen des Rohstoffs und Natronlauge enthalten sind. Der größte Teil dieses Rotschlamms wird in Deutschland auf Deponien gebracht bzw. im Bützflether Moor abgekippt.

Diese Tendenz, die Möglichkeiten der Küche nur wenig zu nutzen, indem man Vorgefertigtes konsumiert, findet ihre Entsprechung in folgender Entwicklung: Immer weniger Menschen essen zuhause. Das war eine Marktchance, die die Fast-food-Industrie nutzte, die inzwischen jährlich 100 Milliarden DM in weltweit 38 000 Imbißhallen umsetzt. Die Zielgruppen für die Manager sind Leute unter 35 Jahren, die noch bereit sind, den Hamburger aus der Styroporpackung als gastronomische Spezialität zu akzeptieren. Ein großer Fast-food-Anbieter verkauft heute pro Sekunde 140 Hamburger – unter Arbeits- und Verzehrverhältnissen, die Wallraff in seinem Buch *Ganz unten* eindrucksvoll beschrieben hat. Um allein den deutschen Bedarf zu decken, wird bei der Firma L & O in Günzburg täglich das Fleisch von 500 Rindern, die mit Futter aus der Dritten Welt schnell zur Schlachtreife hochgemästet worden sind, durch den Wolf gedreht. Dabei entsteht folgender verhängnisvoller Kreislauf: Anstelle von Nahrungsmitteln für den eigenen Bedarf wird in den Ländern der Dritten Welt Viehfutter (Soja) angebaut, und die Anbauflächen werden durch Rodung der tropischen Regenwälder vergrößert. Allein zwischen Mexiko und Panama sind 60% der Wälder diesem Zerstörungsprogramm zum Opfer gefallen. Das so erhaltene Futter wird beispielsweise in die EG-Länder transportiert und dort zur Aufzucht von Rindern verwendet, die nach der Schlachtung als Fleischberge mit hohem Energieaufwand in Kühlhäusern gelagert werden müssen. Obwohl es aus ernährungswissenschaftlicher Perspektive bedenklich ist, so viel Fleisch zu verzehren, sind noch Steigerungsraten denkbar: Schließlich ist der Fleischverbrauch in den USA von 38 kg pro Kopf im Jahre 1960 auf 61 kg 1976 angestiegen. Der Anspruch der Fast-food-Konzerne, industriegerechte landwirtschaftliche Produkte zu verarbeiten, wird vom Agrobusiness aufgenommen: Forschungslabors arbeiten an Gemüsen, die zu den Verarbeitungsmaschinen passen, zum Beispiel an gentechnisch manipulierten Großkartoffeln.

Bisher wurde gezeigt, wie sich die Haushalte zu großen Energieverbrauchern entwickeln konnten, wobei die verarbeiteten Nahrungsmittel in keinem Verhältnis mehr zum Energieeinsatz stehen. Dabei verkommt auch der Geschmack, über den George Orwell in *Kreativität und Lebensqualität* vor über 40 Jahren ausführte:

»In den hochtechnisierten Ländern ist der Gaumen, dank Büchsennahrung, Kaltlagerung, künstlichen Aromastoffen usw., fast ein totes Organ. Wie Sie an jedem Obst- und Gemüseladen sehen können, versteht die Mehrheit unter einem Apfel ein Stück stark gefärbter Watte aus Amerika oder Australien; sie verschlingen diese Dinger, scheinbar mit Genuß, und lassen die einheimischen Äpfel unter den Bäumen verfaulen. Es ist das glänzende, stereotype Fabrik-Aussehen des amerikanischen Apfels, das ihnen gefällt; der bessere Geschmack des eigenen Apfels ist etwas, das sie einfach nicht bemerken. Oder schauen Sie sich den in Fabriken hergestellten, in Folien verpackten Käse und die Butter in einem beliebigen Lebensmittelgeschäft an; schauen Sie sich die scheußlichen Reihen von Konserven an, die mehr und mehr Platz in den Lebensmittelläden, ja sogar in Molkereien, für sich beanspruchen; schauen Sie sich eine billige Biskuitroulade oder ein Eis für zwei Pence an; schauen Sie sich das schmutzige chemische Abfallprodukt an, das sich die Leute unter dem Namen Bier die Kehle hinunterschütten. Wo immer man auch hinschaut, überall sieht man irgendeinen schicken, maschinell hergestellten Artikel über den altmodischen Artikel, der immer noch nach was anderem als Sägemehl schmeckt, triumphieren.«

»Stadtkultur« und Energieverbrauch

Westberlin verbraucht heute für seine Stromversorgung 1,5 AKWs von je 1,3 Megawatt (Typ Biblis), es wird im Jahre 2000 1 Mill. Kraftfahrzeuge haben und damit einen Ersatzbedarf von 125 000 Pkws pro Jahr. Der Jahresenergieverbrauch beträgt 16 Mio t Steinkohleeinheiten (SKE). Mehr als Dreiviertel dieser Energiemenge werden als Abwärme oder Abgase in die Atmosphäre und in die Flüsse eingeleitet. Die Stadt ist in ihrer Ausprägung in diesem Jahrhundert ein Energieverschwendungsmonstrum, in dem der Bürger nur noch eine statistische Verbrauchsgröße darstellt. Er ist eingezwängt in Systeme, die ihn versorgen: Er ist verrohrt, verdrahtet, fernbeheizt, ferngasversorgt, versorgt mit Lebensmitteln, mit Erholung und Freizeit, er wird fernentsorgt von seinen Abfällen, und schließlich wird er über Kabel und Satellit zum Verbraucher der Erzeugnisse der großen Medienkonzerne. Das kostet pro Einwohner ca. 0,9 kg SKE pro Stunde oder 7,5 kW Strom.

Obwohl die Stadt immer energieintensiver war als das Land, war sie früher weit von dem entfernt, was sie heute darstellt. Die historischen Funktionen der Stadt bestimmten sich aus der Wirtschaftsweise der in ihr wohnenden Bevölkerungsgruppen – Händler, Handwerker u. ä. – sowie aus den Herrschafts- und Repräsentationsansprüchen der Stadtherren, Kurfürsten, Könige etc., die zur Herausbildung der Administrations- und Kulturzentren führten.

Im Zuge der Industrialisierung veränderte sich das Gesicht der Stadt. Sie wuchs dadurch über ihre Grenzen hinaus, daß Wohnsiedlungen für hinzuziehende Arbeitskräfte geschaffen und Industriestandorte erschlossen wurden.

Zunächst wurde jedoch die Einheit von Wohnen und Arbeiten, die in der Berliner Mietshausbebauung ihren klassischen Ausdruck fand, beibehalten, da Verkehrsmittel zur Beförderung der Arbeiter fehlten. Die Randwanderung der Berliner Industriebetriebe gegen Ende des 19. Jahrhunderts war einerseits die Folge des größeren Bedarfs an billigem Boden, andererseits war die Umweltbelästigung durch die Betriebe so stark, daß sie aus den Wohngebieten verlagert werden mußten. Die Trennung von Arbeitstätte und Wohnort wurde mit dem ersten großen öffentlichen Nahverkehrssystem, der S- und Ringbahn, überwunden. Als Ausgleich für die schlechten Wohnverhältnisse in den Mietskasernen sowie zur Behebung der proletarischen Mangelkrankheiten sollten die nach dem Arzt Dr. Schreber benannten Schrebergärten dienen, in denen Erholung gefunden und der Nahrungsbedarf an frischem Obst und Gemüse durch eigene Anpflanzungen gedeckt werden sollte (Hier sei auch an den mittelalterlichen Ackerbürger erinnert, der in der Stadt wohnte und seinen Nahrungsbedarf durch Gärten und Felder außerhalb der Stadt befriedigte).

Im Zuge der Entwicklung wurden also die Bereiche Wohnen, Arbeiten und Erholen zunehmend voneinander getrennt. Es gilt hier auch noch die moderne Stadtplanung zu erwähnen, deren Hauptvertreter Le Corbusier war. Obwohl er in seiner *Charta von Athen* (1933) den Menschen zum Maßstab der Stadtplanung erhob, entwarf er das Wohnhochhaus in Stahlbetonbauweise, das autogerechte Straßennetz im Schachbrettmuster, zentrale Ver- und Entsorgungssysteme, die Entmischung von Wohn-, Arbeits- und Verkehrsfunktion und damit den Verlust der Nähe als Lebensraum – ein Stadtmodell, das eine neue Stufe des Energieverbrauchs bedeutete. Das Wohnhaus definierte Le Corbusier als »Wohnmaschine«, deren Prototyp er für Algier entwarf. Das Gebäude sollte bis zu 200 000 Personen in einem 3 km langen Haus vereinen, auf dessen Flachdach eine Autobahn konzipiert war. Verkleinert realisiert wurde es 1947 bis 1952 als »Unité d'Habitation« in Marseille (mit 16 Stockwerken und 1500 Einwohnern). Das Haus ist heute zugenagelt, ebenso wie seine »Unité« in Brily-la-Forêt (1960), deren Abriß zu teuer ist. Städtebau à la Corbusier wurde nach dem Zweiten Weltkrieg von großen und kleinen Architekten übernommen und von Stadtplanern zum Evangelium erhoben.

Ein Boom neuer Großsiedlungen an den städtischen Peripherien entstand. Für den Bau der Berliner Gropiusstadt (während der Planungsphase als Berlin-Buckow-Rudow, BBR, bekannt) wurden 265 ha bis dahin landwirtschaftlich genutzter Fläche verbraucht, ähnliches gilt für das Falkenhagener Feld und das Märkische Viertel. Vergleichbare Projekte gab es weltweit: in St. Louis, Leiden, Liverpool, Lyon, Leeuwarden etc. Jeweils kurz nach dem Bau wurden die Probleme dieser Großsiedlungen evident. Daher konnten die Wohnungen nicht vermietet werden, es kam zu einer erhöhten Fluktuation und Wohnungsleerstand. Darüber hinaus zeigte sich, daß diese städtebaulichen Vorgaben eine geringe Akzeptanz besaßen. Außerdem bewirkte die räumliche Konzentration von Haushalten mit sozialen und ökonomischen Schwierigkeiten den Wegzug Bessergestellter, was zu einer Entwertung dieser Stadtteile führte. Nach ca. 25 Jahren des Bestehens einer solchen Siedlung ist das Ende bereits vorauszusehen: Pruitt-Igoe in St. Louis, zwischen 1950 und 1954 errichtet, wurde 1972 bis 1976 abgerissen; Tyne in Newcastle upon (1956–58) wurde 1975 abgerissen und Linnaestraat in Leeuwarden (1947–55) 1977. Die Metastadt Wulfen-Barkenburg, die 1975 für 19,9 Mio DM errichtet worden war, wies nach 10 Jahren einen Leerstand von 50 % auf. Die Bauschäden waren hier so katastrophal, daß die Bevölkerung regelrecht floh. Eine Großreparatur würde 5 Mio DM kosten. In Schweden (Göteborg-Lövgärdet) greift man nicht zum Abriß, sondern zum Rückbau, d. h. zur Reduzierung von Hochhäusern auf zwei bis drei Geschosse, was aber nur aufgrund der speziellen Bauweise möglich ist, die eine zerstörungsfreie Demontage erlaubt. Im Märkischen Viertel Berlin vollzieht sich derzeit eine große Wohnumfeldverbesserung, um den genannten Problemen zu begegnen.

Die Stadtphantasien von Le Corbusier, Mies van der Rohe, Scharoun, Düttmann, Unger und anderen Architekten erweisen sich also als »Ex-und-hopp-Städte«, die gewaltige Mengen von Kapital und Energie vernichten und somit in energetische Sackgassen führen. Sie verurteilen den Menschen dazu, im energiefressenden Hochhaus zu leben, das nur mit Fahrstuhl, Klimaanlage und hohem Heizbedarf bewohnbar ist, da Beton eine schlechte Wärmespeicherung besitzt und die Höhenwinde Wärme absorbieren. Zudem sind die Baukosten der Stahlbetonriesen höher als die für ein vergleichbares 3- bis 4geschossiges Haus. Leider hat sich auch gezeigt, daß die Baustoffprobleme dieser Häuser nicht lösbar sind: Fugendichtungen der industriell gefertigten Bauteile versagen, Fassaden fallen herab, und last not least kann Stahlbeton nicht saniert werden.

Das Konzept der Entmischung der Stadtstrukturen hatte verschiedene Konsequenzen; eine wichtige ist die Bewältigung des Verkehrsflusses zwischen den einzelnen Funktionsbereichen, das heißt die Planung der autogerechten Stadt. Ungers Idealkonzept sieht folgendermaßen aus:

> »In Berlin erreiche ich von meinem Wohnraum aus auf direktem Wege die Lebensmittelabteilung des KaDeWe. Vor der Haustür steige ich ins Auto, fahre bis zur 4. Parketage des Kaufhauses und kom-

me über eine gedeckte Brücke unmittelbar in die Lebensmittelabteilung mit einem größtmöglichen Warenangebot. Wohnraum – Auto – Straße – Parkhaus – Brücke – Einkaufsabteilung bilden ein zusammenhängendes System. Wohnen und Einkaufen – 10 km voneinander entfernt – liegen Tür an Tür.«[11]

Promotor der autogerechten Stadtplanung in Berlin waren der Senator für Bau- und Wohnungswesen Schwedler in Zusammenarbeit mit Senatsbaudirektor Düttmann, die sich auch auf die Vorarbeiten von Scharoun bezogen. Sie haben – Schwedler wurde dabei angeregt durch einen Ausflug nach Los Angeles – eine Stadtstruktur geschaffen, die das Auto zum Richt- und Planungsfaktor erhob. Damit wurde die Geschwindigkeit des Menschen, die bisher als Maß für stadträumliche Strukturen galt, durch die mögliche Geschwindigkeit des Automobils ersetzt, die Muskelkraft des Menschen wurde substituiert durch den Energieverbrauch des Motors. Das Mobilelement Stadtbewohner sollte jederzeit, zu jedem Zweck (Freizeit, Arbeit . . .) seinen Standort beliebig häufig wechseln.

Nur wenige Autofahrer denken über Kosten und die wirklich erreichbare Geschwindigkeit nach. Ich erläutere dies an einem durchschnittlichen Mittelklassewagen mit 1,8 l Hubraum. Die Betriebskosten einschließlich der Anschaffungskosten für dieses Auto betragen 0,55 DM/km. Die durchschnittliche Fahrleistung des Bundesbürgers im Jahr beträgt z. Z. 12 000 km. Die erreichbare durchschnittliche Geschwindigkeit aus dem Mittel der Fahrten auf der Autobahn, der Landstraße und im Stadtverkehr beträgt 40 km/h.

Der Durchschnittsverdienst des Bundesbürgers liegt z. Z. bei 17,– DM/h. Daraus ergeben sich folgende Werte:

Der durchschnittliche Bundesbürger braucht 300 Stunden, um 12 000 km zu fahren (12 000 km : 40 km/h = 300 Stunden). Er muß 6600,– DM pro Jahr für sein Auto ausgeben (12 000 km x 0,55 DM = 6600,– DM).

Für diese 6600,– DM muß er 388 Stunden arbeiten. Für Pflege, Reparaturen, Verwaltung, Tanken u. a. muß er weitere 50 Stunden aufwenden. Insgesamt ergibt sich damit ein Zeitaufwand von 300 + 388 + 50 = 738 Stunden, die der durchschnittliche Autofahrer für sein Auto benötigt. Teilt man die 12 000 gefahrenen Kilometer durch diese 738 Stunden, so ergibt sich eine Durchschnittsgeschwindigkeit von 16,3 km/h. Diesen Wert nennt man Transportgeschwindigkeit. Sie wurde zum ersten Mal von Ivan Illich errechnet und demonstriert, daß das angeblich so schnelle Auto nur gerade so schnell wie ein Fahrrad ist. Inzwischen sind wir aber schon weiter. Wir können die Kosten für die Umweltschäden durch das Automobil abschätzen. Diese bestehen u. a. aus: Waldsterben, Gebäudeschäden, Lärmschäden, Gesundheitsschäden, Wasser- und Bodenschäden sowie Schäden aus der Produktion des Automobils selbst.

Die derzeitige Abschätzung geht davon aus, daß diese Schäden beim 4fachen der Betriebskosten liegen. Es ergeben sich damit folgende Werte:

Volkswirtschaftliche Betriebskosten: 2,20 DM/km. Dies bedeutet, daß pro Jahr Kosten in Höhe von 26 400,– DM (2,20 DM/km × 12 000 km) entstehen. Die hierfür benötigte Arbeitszeit beträgt 26 400 DM : 17 DM/h = 1533 Stunden. Der Gesamtaufwand für das Automobil des Durchschnittsbürgers beträgt 1553 + 300 + 50 = 1903 Stunden.

Teilt man nun diese durchschnittliche Jahresfahrleistung von 12 000 km durch 1903 Stunden, so erhält man eine Durchschnittsgeschwindigkeit von 6,3 km/h.

Dies ist die volkswirtschaftliche Transportgeschwindigkeit des Automobils, und sie ist so hoch oder so niedrig wie die Schrittgeschwindigkeit eines Fußgängers.

Ein weiterer Aspekt für die Beurteilung des Autos sei erwähnt: Es fährt im Durchschnitt nur 2,5 % seiner Lebenszeit und müßte daher – wegen seiner Standzeit von insgesamt ca. 97,5 % – eigentlich Stand- oder Stauzeug heißen. Dafür verbraucht es mindestens drei Parkplätze. Da 50 % der Autofahrten im Entfernungsbereich von 5 km stattfinden, sind diese Plätze also in mittelbarer Nähe des Wohnortes bereitzustellen. Dehnt man diese Zone auf 15 km aus, so finden hier bereits 80 % der Fahrten statt: Das Auto ist also ein Nahverkehrsmittel, für dessen Einsatz es in der Stadt keine vernünftigen Gründe gibt, nicht zuletzt deshalb, weil die Umweltbilanz des Autos denkbar schlecht ist (20 % des Energieverbrauchs, 30 % der Abwärme und der Schadstoffe). Rechnet man den Kfz-Bestand der Industrieländer auf die Erdbevölkerung des nächsten Jahrhunderts hoch, so ergäben sich weltweit 3,3 Milliarden Fahrzeuge. Sie würden einen Energieverbrauch von 9,5 Milliarden t SKE haben (gesamter Weltenergieverbrauch heute: 8,6 Milliarden t).

Obwohl die tägliche Realität im Verkehrsgeschehen eigentlich jeden davon überzeugen müßte, daß die autogerechte Stadt eine Fiktion war, die zugunsten einer menschengerechten Stadt aufzugeben wäre, zeigt die aktuelle Diskussion um den Flächennutzungsplan für Berlin, daß mit Einsichten nicht zu rechnen ist. Der vorliegende Entwurf ist kein

Neubeginn einer humanen Stadtplanung, sondern die konsequente Fortführung des alten Zerstörungswerkes: Schrebergärten und Grünflächen werden für Industrieansiedlungen geopfert, der Bau von Straßen wird vom Grad der Motorisierung abhängig gemacht, die Zahl der letzten landwirtschaftlichen Nutzflächen schrumpft weiter. Dem ADAC ist dies aber immer noch nicht genug, wie aus dessen Stellungnahme zum Flächennutzungsplan hervorgeht:

> »Die Attraktivität Berlins, gerade mühsam wieder aufgepäppelt, steht auf dem Spiel. Noch ist es nicht zu spät, noch ist der Zug in die Provinzialität nicht abgefahren, noch können wir verhindern, daß unsere Stadt zu einer Falle für ihre mobilitätsbewußten Einwohner wird, in Unbeweglichkeit erstickt und zuwanderungswillige Menschen verprellt. (...) Dörfliche Idylle kann man anderswo genießen; ein Ballungsgebiet hat andere Anspruchsmerkmale.«[12]

Die Konsequenz der modernen Stadtstruktur ist die Zerstörung urbaner Lebensräume des Menschen. Nachdem die Naherholungsgebiete der städtischen Agglomeration zum Opfer gefallen sind, flieht der Städter, sofern nur drei freie Tage in Sicht sind, aus der Stadt. Jeder Berliner weiß, daß kurz nach Schulferienbeginn die Avus und die Grenzübergänge überfüllt sind. Um sein Ziel zu erreichen, benötigt man Autobahnen, wie sie Bundesminister Seebohm und andere beschert haben. Seebohm plante, daß jeder Autofahrer nicht weiter als 25 km von der nächsten Autobahnauffahrt entfernt wohnen sollte – das Sterben der Wälder zwischen den Autobahnen durch Abgase war allerdings nicht vorgesehen.

Außerdem benötigt man Flughäfen, Fähren sowie ein weiteres Wohnversorgungssystem mit ähnlich gigantischen Ausmaßen wie in der Stadt selbst.

So wundert sich heute niemand mehr, wenn er an der Ostsee, auf Mallorca, an der Costa-Brava oder irgendwo sonst in der Welt eine Architektur ähnlich der des Märkischen Viertels wiederfindet. Verglichen mit dem jährlichen Urlauberstrom in Mitteleuropa war die Völkerwanderung harmlos wie der Ausflug eines Turnvereins. Mit der Energiemenge, die allein für den jährlichen Tourismus benötigt wird, kann ein durchschnittliches Entwicklungsland die Grundversorgung seiner Gesamtbevölkerung für Jahrzehnte finanzieren. Wenn dereinst 1,5 Milliarden Chinesen einen ähnlichen Urlaubsanspruch erheben wie die Mitteleuropäer oder die Amerikaner, wäre das gesamte Gestade des Mittelmeers in 15 Reihen von Urlaubern dicht an dicht gesäumt. Sie müßten wegen der ständig startenden und landenden Großverkehrsflugzeuge, die Urlauber heran- oder fortbringen, Ohrenschützer tragen. Wenn gar die Inder und Chinesen so viel Ski laufen wollten wie wir, so bliebe von den Alpen kein Quadratzentimeter von Skipisten und Skilifts frei.

Während der Städter einerseits als Ausgleich für fehlende Lebensqualität in der Stadt oft verreist, so braucht er andererseits Surrogate für den Verlust produktiver Tätigkeit im Alltag. Die Mehrheit der Städter arbeitet am Schreibtisch, am Mischpult, am EDV-Arbeitsplatz; fährt mit dem Auto zur Arbeit, zum Einkaufen. Also ist Freizeitsport dringend erforderlich, eine weitere Steigerung des Energieverbrauchs, den die Freizeitindustrie kräftig anheizt. Beheizte Freibäder, Freizeitparks, Tennisanlagen und vieles mehr werden benötigt, in anderen Regionen Skipisten, Seilbahnen, Segelhäfen. Zahlreiche große Naturgebiete werden in Sportanlagen aller Art umfunktioniert.

Betrachtet man die Situation des Menschen in der Stadt allgemein, so stellt man fest, daß menschliche Muskelkraft allenthalben durch andere Energien ersetzt worden ist. Das bereitgestellte Überangebot an Energieträgern verführt zu deren Nutzung und erzeugt weiteren Bewegungsmangel und dessen energieintensive Kompensation. In diesen Stadtstrukturen degeneriert Wohnen und Leben zur Restfunktion, Arbeit dient lediglich zum Kauf von Energie! Die Abgaswolken, die bei bestimmten Wetterlagen wie Hauben über den Städten liegen und den Bewohnern die Luft zum Atmen nehmen, sind Folgen der skizzierten Fehlentwicklungen.

Die großen Städte haben die Wahl, das Automobil abzuschaffen, dezentrale Energie- und Versorgungssysteme zu entwickeln, vermischte Wohn- und Arbeitsstrukturen wiederherzustellen und den Menschen als Fußgänger und Radfahrer zum Maß der Verkehrsplanung zu machen – andernfalls werden sie buchstäblich an ihren hausgemachten Problemen ersticken.

Die globalen Umweltprobleme werden ignoriert

Obwohl schon seit den sechziger Jahren zahlreiche Wissenschaftler auf die Grenzen des technischen Wachstums sowohl in den Industrie- als auch in den Entwicklungsländern hingewiesen haben, stießen sie auf weitgehendes Unverständnis der Gesellschaft. Zu tief saß und sitzt immer noch das Vorurteil, Technikkritiker seien Maschinenstürmer, und ihre Mahnungen hätten sich jedesmal als Irrtümer erwiesen.

Die Theorie von Robert Malthus, der im vorigen Jahrhundert behauptete, das Anwachsen der Weltbevölkerung halte mit dem Wachstum der Nahrungsmittel nicht Schritt, ist durch den Einsatz der Technik in unserem Jahrhundert anscheinend widerlegt worden.

Auch der Überwachungsstaat, den Orwell in seinem Roman *1984* entwarf, ist bisher offensichtlich nicht Wirklichkeit geworden. Schon immer wurden reale Ereignisse, die Hinweise auf die Katastrophen der Zukunft geben, verdrängt.

So hat bereits der Untergang der Titanic deutlich gemacht, daß es eine absolut sichere Technik nicht gibt und nicht geben wird, sondern gerade im Zeitalter wachsender technischer Dimensionen mit immer größeren Katastrophen zu rechnen ist. Dabei ist entscheidend, daß die vom Menschen verursachten Katastrophen die bisherigen Naturkatastrophen inzwischen in verschiedener Hinsicht übertreffen. Dennoch erschien der Untergang der Titanic als eine Katastrophe, die von vielen zumindest teilweise auf ein Naturereignis zurückgeführt wurde.

Auch die durch den Einsatz der modernen Technik möglich gewordenen Massenvernichtungen im Ersten und Zweiten Weltkrieg wurden in ihrer Bedeutsamkeit nicht erkannt bzw. verdrängt. Man lastete sie einigen wenigen an, die die an sich erstaunliche Technik mißbrauchten. So setzte der technische Fortschritt trotz zweier verheerender Weltkriege völlig ungebrochen seinen Siegeszug fort.

Er drohte erst ins Stocken zu geraten, als in den 60er Jahren die Umweltprobleme auch für den einzelnen Bürger erste erkennbare Nachteile in der Lebensqualität brachten. Die Menschen bemerkten nun, daß sie nicht mehr in Flüssen und Bächen baden konnten und die Luft immer schlechter wurde. Sie registrierten, daß jahrhundertealte Gebäude innerhalb kürzester Zeit verfielen und der schlechte Zustand der Umwelt ihre Gesundheit angriff. Die Industrie und die Regierungen der Industrieländer reagierten und entwickelten sogenannte Umwelttechniken. Technik und Produktion zerfielen nun in zwei Teilbereiche, einen, der die Güter produzierte, die verbraucht wurden und zerstörende Nebenwirkungen hatte, und einen anderen, durch den versucht wurde, die Zerstörungen des ersten zu beseitigen oder wenigstens zu mildern. Dieses schizophrene Verfahren wurde 10 bis 15 Jahre von der überwiegenden Mehrheit der Bevölkerung akzeptiert, weil man immer wieder damit argumentierte, daß es Sachzwänge gäbe, daß nämlich die entsprechende Produktion aufrechterhalten werden müsse und daß nach einer gewissen Zeit sämtliche daraus entstehende Schäden behoben würden. Dabei mutet es grotesk an, daß beispielsweise die chemische Industrie ihre Giftstoffe in die Flüsse und Ozeane abläßt und anschließend mit teuren Anlagen und viel Energieaufwand wieder herausfiltert.

Nun begann ein Wettlauf mit der Zeit. Da alle glaubten, durch diese fragwürdige Art von Umweltschutz könne man die Produktion uneingeschränkt fortsetzen, nahm die Produktion von Konsumgütern laufend zu. Gleichzeitig wurde der Aufwand für umweltschützende Maßnahmen immer größer.

Die Erkenntnis, daß man an einer anderen Stelle der Umweltproblematik, nämlich an der Produktion selbst, ansetzen müsse, vermittelte wohl zum ersten Mal der Bericht des Club of Rome, *Die Grenzen des Wachstums* (1972). Die Warnungen waren immerhin so eindringlich, daß der damalige Bundeskanzler Willy Brandt erklärte, wir müßten künftig auf manches verzichten, was zwar ökonomisch rentabel, aber gesellschaftlich bedenklich sei, und dafür anderes, was ökonomisch unrentabel erscheine, gesellschaftlich durchsetzen. Diesem Bekenntnis folgten aber keine Taten. Brandts Nachfolger Helmut Schmidt zog aus der sogenannten Energiekrise von 1973 nicht etwa den Schluß, daß Energie gespart werden, sondern daß im Gegenteil mehr Energie bereitgestellt werden müsse. Er vollzog damit politisch den endgültigen Einstieg der Bundesrepublik in die Kernenergie.

Heinz Haber, ein konservativer und fortschrittsgläubiger Fernsehautor und Wissenschaftler, veröffentlichte im Jahre 1973 das nach einer Fernsehserie entstandene Buch *Stirbt unser blauer Planet?*. Darin stellt er schlicht fest:

»Was die Physik, die Chemie und die Klimatologie der Erdatmosphäre anbetrifft, so sind wir dabei, sie heute schon oder spätestens in den nächsten Jahrzehnten ernsthaft zu gefährden«.[13]

1973 veröffentlichten einzelne Wissenschaftler in den USA besorgniserregende Studien über die Gefährdung der Erdatmosphäre durch zu hohen Energieverbrauch. Obwohl wissenschaftliche Erkenntnisse zu diesem Thema noch sehr schwer zu erarbeiten waren, kann man die damaligen Theorien auch aus heutiger Sicht nicht kritisieren. Dennoch wurden die Erkenntnisse von allen führenden Industrieländern im Westen und im Osten als lächerliche Weltuntergangsvisionen von Außenseitern oder Spinnern abgetan. Es wurde sogar argumentiert, daß etwas mehr Energieverbrauch der Erdatmosphäre gar nicht schaden könne, da wir sowieso einer neuen Eiszeit entgegengingen. Diese absurde Vorstellung propagierte der amerikanische Geheimdienst CIA in einer Studie von 1974.

Ein weiteres Ereignis für den Zusammenhang zwischen Energieverbrauch und globaler Umweltbeeinflussung war von entscheidender Bedeutung. Im Jahre 1971 planten die USA – als Antwort auf das europäische Überschallflugzeug Concorde –, eine noch weitaus größere Maschine bei der Firma Boeing in Auftrag zu geben. Dieses Flugzeug wäre in sehr viel größeren Höhen der Stratosphäre geflogen und hätte nach Ansicht vieler Wissenschaftler durch seine Verbrennungsgase das Ozon in den oberen Luftschichten wesentlich reduzieren können. Immerhin gelang es den Wissenschaftlern damals, eine Untersuchung zu erzwingen, die für das Projekt eine aufschiebende Wirkung hatte. Nach einem dreijährigen Moratorium und relativ intensiver Forschungsarbeit konnte jedoch kein Gutachten erstellt werden, das die Warnungen der Wissenschaftler von 1971 widerlegt hätte, d. h., man hätte das SST (Super Sonic Transportation)-Programm der Firma Boeing mit dem vollen Risiko einer massiven Klimabeeinflussung in Gang setzen müssen. Deshalb lehnte der amerikanische Kongreß die Subventionierung dieses Boeing-Projekts ab, und das Flugzeug konnte nicht entwickelt werden. Dabei ist noch am Rande zu bemerken, daß die eifrigsten Befürworter des Projekts ausgerechnet von Gewerkschaftsseite kamen. Durch diese Entscheidung hat der amerikanische Kongreß zum erstenmal in der Technikgeschichte zugunsten der Umwelt auf eine machbare und von vielen gewünschte Technik verzichtet. Erstaunlich ist, daß die europäische Öffentlichkeit von diesem Vorgang kaum Kenntnis nahm. Die Gründe dafür liegen wohl vor allem darin, daß zur gleichen

Zeit die europäische Luftfahrtindustrie ihr Concorde-Programm, das glücklicherweise inzwischen auch als gescheitert angesehen werden muß, durchsetzen wollte.

Die Diskussion über SST in den USA brachte zunächst einen weiteren Erfolg für den Umweltschutz. Eine steigende Zahl von Wissenschaftlern begann, sich für die Probleme unserer Atmosphäre zu interessieren, und immer mehr chemische Produkte wurden auf ihre Umweltverträglichkeit untersucht. Um so erschreckender ist, daß in Europa auch diese Diskussion nur von Außenseitern aufgegriffen wurde, die lange Zeit als Angsthasen, Technikfeinde oder Panikmacher beschimpft wurden. So erinnere ich mich noch an meine erste öffentliche Diskussion mit einem Vertreter der BEWAG im Jahre 1975 anläßlich des Kraftwerkneubaus am Oberjägerweg in Berlin-Spandau. In diesem Zusammenhang wurden auch Fragen globaler Luftverschmutzung behandelt. Als ich darauf hinwies, daß durch den hohen Ausstoß von Kohlendioxyd und Abwärme eine globale Aufheizung der Atmosphäre drohe, und forderte, statt neuer Großkraftwerke Energiesparprogramme zu entwickeln, versuchte der Vertreter der BEWAG mich lächerlich zu machen, indem er mich als Nachfahren der Gebrüder Grimm bezeichnete. Der Neubau, um den es damals ging, das Kraftwerk »Reuter-West«, wird zur Zeit fertiggestellt und – trotz Rauchgaswäsche und Entstickungsanlagen – einen gehörigen Beitrag zur lokalen und globalen Umweltverschmutzung leisten.

Nicht zufällig drangen im selben Jahr (1975) die ersten Meldungen über das Waldsterben an die Öffentlichkeit. Einem Berliner Förster, der das Problem öffentlich darstellen wollte, wurde von seinem damaligen Vorgesetzten, dem Wirtschaftssenator Lüder, wegen angeblicher Panikmache Redeverbot erteilt und außerdem ein Disziplinarverfahren angedroht.

Je offenkundiger die Meldungen über einen unmittelbaren Zusammenhang zwischen Energieverbrauch und der globalen Veränderung unserer Atmosphäre wurden, desto stärker wurden die Stimmen verschiedener gesellschaftlicher Gruppen, die das Problem zu verdrängen suchten. Zu ihnen gehörten Parteien, Gewerkschaften, Kirchen, Unternehmer, Verbände, die Regierungen der Länder und die Bundesregierung.

Weder der Bericht der amerikanischen Regierung *Global 2000* von 1980 noch das zurückhaltende und vorsichtige Buch von Wilfried Bach *Gefahr für unser Klima* (1982), ja noch nicht einmal der Unfall von Harrisburg 1983 brachten irgendeinen der Entscheidungsträger zur

Vernunft. Schließlich wurden wir vom Reaktorunfall in Tschernobyl überrascht und mehr und mehr mit dem Problem des sogenannten »Ozonlochs« konfrontiert. Der Super-GAU wurde nach anfänglichen Schwierigkeiten bürokratisch abgearbeitet und die Klima-Bedrohung überhaupt nicht zur Kenntnis genommen. Sie tauchte in der Presse meist unter der Rubrik »Kurioses« auf, und die Warnungen der Wissenschaftler, durch den Einfluß des Ozonlochs könne der Meeresspiegel um mehrere Meter steigen, wurden mit Sprüchen wie »nach uns die Sintflut« bagatellisiert.

1985 veröffentlichte H. v. Dittfurth sein Buch *So laßt uns denn ein Apfelbäumchen pflanzen*, das in Anlehnung an den Ausspruch Luthers von dem Motto geprägt ist: »und wenn ich wüßte, daß morgen die Welt unterginge, so würde ich doch heute mein Apfelbäumchen pflanzen; es ist soweit« (s. Dittfurth, S. 367).

An diesem Punkt wäre es nun eigentlich logisch – nachdem 10 Jahre überall vergebens gemahnt wurde –, sich zurückzuziehen und den unabwendbaren Untergang unserer Zivilisation abzuwarten. Mut, dennoch und erneut auf eine Umkehr zu hoffen, macht eine Studie, die die Deutsche Physikalische Gesellschaft im September 1986 veröffentlicht hat und in der sie in bisher nie gekannter Einmütigkeit vor einer Klimakatastrophe warnt. Die Bedeutung dieser Studie ist deshalb so hoch einzuschätzen, weil eine große Gruppe von Wissenschaftlern von beachtlicher Reputation auf das drohende Untergangsszenarium unserer Atmosphäre hinweist und diesen Untergang nicht in fernen Zeiten, sondern in den nächsten 100 Jahren kommen sieht. Damit wird endlich zur Kenntnis genommen, daß in den Industrieländern entscheidende Veränderungen hinsichtlich der Energieverbrauchs stattfinden müssen. Obwohl das Problem, welches in der Öffentlichkeit unter dem Begriff »Ozonloch« diskutiert wird, zu den besorgniserregendsten Erkenntnissen des Jahres 1986 gehört, wird es im Energiebericht der Bundesregierung von 1986 an keiner Stelle auch nur angesprochen. Ganz im Gegenteil: Bundesminister Martin Bangemann stellt in seinem Vorwort fest, er werde alle Anstrengungen unternehmen, um in der Energiepolitik den gefährdeten Konsens zwischen den politischen Kräften wiederherzustellen – vor allem in der Kohle- und Kernenergiepolitik. Richtiger hätte es doch wohl heißen müssen: »Der Konsens zwischen dem Energieverbrauch und der Natur muß wiederhergestellt werden«. Aber dazu müßte ein Minister erst einmal aus seinem Auto aussteigen und Verständnis für die Situation eines Menschen in seiner natürlichen Umgebung entwickeln. Der Energiebericht liest sich so, als ob die Menschen losgelöst von ihrer Umwelt und ausschließlich durch Einsatz moderner Energien existieren könnten.

Doch die Menschen heute benötigen – ebenso wie die Menschen im Jahre 2000 – zum Leben Luft, Wasser und Nahrungsmittel; und diese erhalten sie aus der Atmosphäre, aus den Flüssen, Seen und Meeren und aus der Humusschicht des Bodens. Die Lebenssphäre des Menschen ist eine dünne Schicht zwischen dem glühenden Erdinneren und der Lebensfeindlichkeit des Weltalls, welches bereits in 12 km Höhe beginnt.

Um sich ein Bild von der Sensibilität des menschlichen Lebensraums zu machen, sollte man sich den Durchmesser des Erdballs auf 30 cm verkleinert vorstellen. In diesem Modell wäre der Wassermantel der Erde, der in Wirklichkeit durchschnittlich 3 km stark ist, nur noch 0,1 mm dünn, die Lufthülle 0,3 mm, und die nutzbare Humusschicht (real 8 bis 30 cm stark) wäre nicht einmal mit den besten Meßgeräten erfaßbar. Das heißt, der gesamten belebten Natur steht eigentlich nur eine verschwindend kleine Menge der Erde zur Nutzung zur Verfügung. Diesen geringen Anteil müssen wir Menschen mit den Pflanzen und den Tieren teilen, von denen wir leben.

Darüber hinaus haben die bisherigen Ergebnisse der Weltraumforschung gezeigt, daß es für den Menschen vorläufig keine Ausweichmöglichkeiten »jenseits« der Erde geben wird. Die Wahrscheinlichkeit, im Weltraum einen Planeten anzutreffen, der ähnliche Lebensverhältnisse wie die Erde aufweist, ist vermutlich erst in einer Entfernung von Millionen Lichtjahren gegeben. Das heißt, selbst wenn die Menschheit weitere Millionen Jahre überleben würde, hätte sie noch nicht einmal die Chance, eine Botschaft aus dem All zu empfangen, geschweige denn, auch nur einen bewohnbaren Planeten zu betreten.

Wir haben also keine andere Wahl, als uns auf unserem winzigen Lebensraum einzurichten. Daher sind wir gezwungen, äußerst pflegsam mit Luft, Wasser und Boden umzugehen. Die Atmosphäre, die das Zusammenwirken von Boden und Wasser zur Herstellung von Nahrung beeinflußt, ist unsere wichtigste Lebensressource.

Das Ozonloch – Hirngespinst übereifriger Wissenschaftler oder Gefahr für das Klima?

Ozon ist chemisch gesehen eine Verbindung von drei Sauerstoffatomen und damit ein naher Verwandter des Sauerstoffs O_2. Es ist ein Spurengas und kommt in der für den Menschen nutzbaren Erdatmosphäre nur in sehr geringen Mengen vor. Entgegen landläufiger Meinung, die dem Ozon lange Zeit eine nützliche Wirkung beimaß – es wird auch heute noch von der ozonreichen Waldluft gesprochen –, ist Ozon ein starkes Gift; es reizt die Atemorgane und wirkt schädlich auf Tiere und Menschen.

In der gesamten Erdatmosphäre kommt Ozon in verschwindend geringer Menge vor. Seine eigentliche Bedeutung für das Leben auf der Erde wurde erst erkannt, als man die höheren Luftschichten erforscht hatte, denn von entscheidender Bedeutung ist, daß Ozon in den höheren Luftschichten vorkommt und nicht in Bodennähe.

Die Erdatmosphäre ist folgendermaßen aufgebaut: Der Bereich zwischen Erdoberfläche und einer Höhe von 11 km ist die Troposphäre, von 11 bis 15 km die Tropopause, von 15 bis etwa 50 km die Stratosphäre und oberhalb von 50 km die Stratopause. Die Stratosphäre, also der Bereich zwischen 15 und 50 km, enthält etwa 90 % des atmosphärischen Ozons. Der Rest von 10 % befindet sich in den unteren Luftschichten, in der Tropopause und der Troposphäre.

In der Atmosphäre hat sich im Laufe der Entwicklung der Erdgeschichte eine Art Ozonauf- und -abbausystem gebildet, welches über Jahrmillionen die Verteilung des Ozons gleichhielt. Erst ab 1960 wurde von britischen Wissenschaftlern entdeckt, daß in den oberen Luftschichten mehr Ozon abgebaut als wieder aufgebaut wurde. Um dieses Naturphänomen zu verstehen, mußten zunächst eine Theorie und ein Modell entwickelt werden, die den Auf- und Abbau des Ozons erklären konnten. Dieser Vorgang ist inzwischen weitgehend geklärt. Er spielt sich folgendermaßen ab: Die energiereiche, harte UV-Strahlung der Sonne trifft auf die Atmosphäre und spaltet aus dem Sauerstoff O_2 elementaren Sauerstoff O. Der Vorgang, bekannt als Photolyse, absorbiert einen großen Teil der UV-Strahlung der Sonne. Diese harte Strahlung kann also nicht auf die Erde treffen. Die freigewordenen Sauerstoffatome O verbinden sich unter Zuhilfenahme von Anstoßpartnern mit noch nicht gespalteten O_2-Molekülen zu O_3, also Ozon.

Der Verfall von Ozon wird hauptsächlich durch die Reaktion mit Lachgas N_2O gefördert. Dieser Zufall erzeugt – über mehrere Zwischenreaktionen – O_2, also Sauerstoff. Beide Reaktionen ereignen sich in der Atmosphäre, absorbieren die harte UV-Strahlung und ermöglichen das Leben von Tieren, Menschen und Pflanzen. Bevor der Mensch mit seiner industriellen Technik in den natürlichen Kreislauf der Luft eingriff, tickte die atmosphärische Ozonuhr normal.

Erst ab 1960 gab es Anzeichen für eine Irritation der Erdatmosphäre. Über der Antarktis wurde das sogenannte *Ozonloch* entdeckt. Die Wissenschaftler blieben zunächst mißtrauisch und zweifelten an ihren Meßergebnissen. Allmählich stellten sie aber fest, daß dieses Ozonloch kontinuierlich größer wurde. Ab 1979 erlangte es dramatische Ausmaße, und 1986 umfaßte das Ozonloch – aus dem in einer Höhe zwischen 10 und 20 km das Ozon bereits völlig verschwunden war – die Größe der Fläche der Vereinigten Staaten. Inzwischen wächst auch über dem Nordpol ein Ozonloch.

Der Beginn der wissenschaftlichen Diskussion über die Bedeutung des Ozonlochs ist – weltweit – in der Anfangsphase wie üblich von Verharmlosung und Verdrängung bestimmt gewesen. Zunächst wurde wie immer nach natürlichen Ursachen gesucht. Hierfür boten sich zwei Haupterklärungen an: Großmaßstäbliche Schwankungen über mehrere Jahrzehnte, die sich wieder ausgleichen, oder Auswirkungen von großen Vulkaneruptionen. Diese Theorien halten sich bis heute und werden vor allem von industrienahen Wissenschaftlern gestützt. Die Zahl dieser Wissenschaftler nimmt aber immer mehr ab.

Andere Experten gingen von Anfang an künstlichen Verursacherquellen für den Ozonabbau nach. Schon sehr früh wurde die Spraydose als ein Hauptübel der Ozonlochbildung erkannt. Schwierig war die Beweisführung. Inzwischen gilt es als erwiesen, daß sich chemisch folgendes abspielt: Die Fluorchlorkohlenwasserstoffe, genannt FCKW, erst vor ca. 60 Jahren entdeckt, galten als ideale Treibgase für alle möglichen Anwendungsgebiete. Die FCKWs sind scheinbar völlig harmlos und umweltneutral. Sie sind farb- und geruchlos, nicht ätzend, nicht entflammbar, ungiftig und reagieren nicht mit anderen Stoffen. Kaum waren sie entdeckt, eröffnete sich diesen Treibgasen ein ungeheurer Markt. Sie wurden verwendet als Treibmittel in Milliarden von Sprayflaschen, als Kühlflüssigkeit in Kühlschränken und Klimaanlagen, als Reinigungsmittel, als Sterilisierungsmittel von medizinischen Geräten, als Schäumungsmittel für Matratzen, Sitzpolster, Verpackungsmaterial, Wärmedämmplatten und als Schutz- und Treibgas bei der Produktion von mikroelektronischen Bauteilen. Sind die FCKWs freigesetzt, d. h. ist der Sprayvorgang beendet, leben sie ohne Reaktion mit anderen Stoffen bis zu 10 Jahren. Sie steigen sehr langsam in die höheren Atmosphärenschichten auf und richten dort dann ihr zerstörerisches Werk an, denn unter dem Einfluß der ultravioletten Sonnenstrahlen bauen sie chemisch das Ozon der oberen Luftschichten ab und eröffnen damit künftig der UV-Strahlung den Weg in die unteren Luftschichten und auf die Erde.

Parallel zum Abbau des Ozons in den oberen Luftschichten findet ein Aufbau von Ozon in den unteren Luftschichten statt; schon heute ist meßbar, daß sich der Ozonteil im unteren Luftschichtbereich seit der Mitte unseres Jahrhunderts verdoppelt bis verdreifacht hat. Dieser Vorgang spielt sich folgendermaßen ab: In den unteren Luftschichten haben wir das Gas Hydroxylradikal OH. Es wurde erst 1972 als Luftbestandteil erkannt und gilt inzwischen als »Waschmittel« der Atmosphäre. Es ist äußerst reaktionsfähig und bindet deshalb viele Schadgase, die von natürlichen und künstlichen Emissionsquellen erzeugt werden, baut sie ab und wandelt sie in wasserlösliche Bestandteile um. Diese Bestandteile werden dann durch Regen aus der Atmosphäre ausgewaschen. Durch die zunehmende Abgabe von Kohlenwasserstoffmolekülen und Stickoxyden in den Industrieländern werden immer größere Teile des Hydroxylradikals abgebaut. Als Hauptverursacher der Kohlenwasserstoffemissionen gelten der Straßenverkehr mit 39%, die Kleinverbraucher mit 32% und die Industrie mit 28%. Die Haupterzeuger der Stickoxydemissionen sind der Straßenverkehr mit 54%, die Energiewirtschaft mit 27% und die Industrie mit 14%.

Nun müßte man davon ausgehen, daß die größte Ozonkonzentration in den industriellen Ballungsgebieten und Städten anzutreffen wäre. Dies ist aber nicht der Fall, denn die NO-Moleküle haben die Eigenschaft, erst nach einiger Zeit zu reagieren. Sie überleben in der Regel 35 bis 40 Tage und werden durch die thermischen Wirkungen der Ballungsgebiete und der Industrieanlagen in mittlere Luftschichten getragen. In diesem Zusammenhang interessiert ein neuer Prozeß des Wettergeschehens, der verknüpft ist mit der Industrialisierung und dem Städtebau. In den großen Industriegebieten der Erde bezeichnet man heute die untere Schicht der Atmosphäre als Mischungsschicht, die je nach Wetterlage, Breitengrad und Jahreszeit bei einer Höhe von 400 bis 1500 Metern endet. Über der Mischungsschicht liegt wie ein Deckel die Trennschicht, das heißt jene Luftschicht, die dafür sorgt, daß die Schadpartikel aus den unteren Bereichen nur äußerst schwer in die obere Atmosphäre aufsteigen können. Die Schadstoffe ziehen an der Trennungsschicht entlang und erreichen erst durch die thermodynamische Wirkung der Gebirge den Aufstieg in die oberen Schichten. Die Trennungsschicht ist hauptverantwortlich dafür, daß vor allem im Winter die verschmutzte Luft nicht abziehen kann und dadurch Smog entsteht. Je wärmer es ist, um so höher liegt die Trennungsschicht, je kälter es ist, um so niedriger liegt sie. Das bedeutet, daß die Atmosphäre im Winter weniger für Schadstoffe aufnahmefähig ist als im Sommer.

In dieses atmosphärische Geschehen fügt sich das industrielle System ein. Die Schadstoffe, die durch Autoabgase, Industrie und Energieerzeugungseinrichtungen freigesetzt werden, steigen relativ rasch bis zur Trennungsschicht hoch und reagieren nicht mit dem Sauerstoff; es bildet sich also kein Ozon. Erst in den Reinluftgebieten, die in der Regel in den Mittelgebirgen liegen – das heißt im Schwarzwald, im Voralpenland, im Bayerischen Wald usw. –, entstehen im photochemischen Zusammenwirken von Sonnenstrahlung und Kohlenwasserstoffmolekülen Ozonmoleküle. Gelangt jedoch Ozon in verunreinigte Luft, so reagiert es dort mit dem reichlich vorhandenen Stickstoffmonoxyd zu Stickstoffdioxyd und wird auf diese Weise abgebaut. Dies ist der Grund dafür, daß die Stadt- und Industrieluft ozonärmer ist als die Luft in den Reinluftgebieten. Das Ozon in den Reinluftgebieten greift die Pflanzen an, indem es das Chlorophyll, welches ursächlich verantwortlich für Wachstum ist, zerstört. Dieser komplizierte Zusammenhang ist dafür verantwortlich, daß der Wald in den Reinluftgebieten noch schneller stirbt als in den Industriegebieten.

In der Realität laufen die Vorgänge noch wesentlich komplexer ab, als sie durch die Modelle beschrieben werden können. Das bedeutet, die inzwischen seit zehn Jahren anhaltende Diskussion über die Ursachen des Ozonlochs – bisher ohne konkretes Ergebnis! – kann für uns eine verheerende Wirkung haben. Unzweifelhaft steht fest, daß wir in das komplexe System der chemischen Zusammensetzung der Atmosphäre mit offensichtlich relativ geringen Mitteln eingegriffen haben. Wir haben etwas hinzugefügt, dessen Wirkung wir nicht kannten, und wir haben geglaubt, weil es so neutral sei, hätte es keine Wirkung. In diesem Zusammenhang kommt es auf den Wortlaut an: »Am Anfang der Katastrophe stand Glaube und Nichtwissen«.

Der entscheidende qualitative Sprung des Problems liegt darin, daß wir erst etwas tun, wenn wir wissen, daß es schädlich ist. Das Ozonloch gibt uns aber entscheidende Hinweise dafür, daß wir solche, aus dem täglichen Leben gewonnene Erkenntnisse, nicht auf globale Probleme übertragen können. Das heißt, global gesehen dürfen wir nur dann Stoffe einsetzen, wenn wir genau wissen, daß deren Auswirkungen unschädlich sind. Die Beweislast für die Schädlichkeit einer Substanz eines chemischen Produktes kehrt sich damit um. Das heißt, die gesamte Diskussion – ob Spraydosen schädlich oder unschädlich sind – ist völlig falsch gelaufen. Nicht der Staat muß der produzierenden Industrie nachweisen, daß ihr Produkt schädlich ist, sondern die produzierende Industrie muß nachweisen, daß ihr Produkt unschädlich ist.

Das Ozonloch ist der beste Ansatz für eine Umkehrung der Beweislast. Es ist aber auch gleichzeitig der beklemmendste Anlaß, denn schon heute wissen wir, daß die Menge der Treibgase, die in den letzten 20 Jahren in die Atmosphäre gejagt wurden, ihre Auswirkungen erst in 10 Jahren haben werden. Das bedeutet, die halbherzigen Produktionseinschränkungen und freiwilligen Verzichte der Industrie haben auf die Umweltqualität der nächsten 10 Jahre überhaupt keine Auswirkungen. Um so schlimmer ist es, daß im sogenannten Montrealer Abkommen eine wirksame Reduzierung des FCKW-Produkte nicht erreicht wurde, denn das Abkommen, das noch nicht einmal ratifiziert ist, sieht vor, daß erst bis 1990 der Verbrauch der FCKWs um 50 % gesenkt wird. Von einer Herausnahme der Produkte aus dem Markt kann bisher überhaupt nicht gesprochen werden. Dies ist aber zur Rettung unserer Atmosphäre unabdingbar notwendig. Das Ozonloch wird in Verbindung mit anderen globalen Experimenten der Industriegesellschaften zum Menetekel dieser Zivilisation. Es könnte nur dann zu einem Sinnbild für Umkehr werden, wenn wir uns innerhalb der nächsten zwei Jahre entschlössen, vorsorglich jeglichen Verbrauch von FCKWs zu verbieten.

Daneben hat man jedoch bereits vor längerer Zeit einige andere globale Experimente in Angriff genommen – wie die Anreicherung der Atmosphäre mit Kohlendioxyd. Kohlendioxyd (CO_2), das Anhydrid der Kohlensäure, ungenau auch Kohlensäure genannt, ist ein farb- und geruchloses, schwach säuerlich schmeckendes Gas, das Atmung und Verbrennung verhindert. »K. kommt in der Luft mit 0,03 % vor«, so der Brockhaus von 1955. Heute wissen wir, daß der Anteil von Kohlendioxyd im Jahre 1860 270 ppm betrug und heute 346 ppm beträgt. Die Wachstumskurve ist dabei exponential. Anfangs betrug die Wachstumsrate pro Jahr 0,2 ppm, heute 1,6 ppm. Inzwischen gibt es mehrere unabhängige Prognosen, die eine Zunahme des CO_2 auf 600 ppm im Jahre 2040 vorhersagen, das hieße eine Verdoppelung des Wertes von 1860. Zu dieser übereinstimmenden Aussage kommen u. a. die Deutsche Physikalische Gesellschaft und das Volkswagenwerk in seinem Forschungsbericht von 1985. Dabei würde, selbst wenn der Energieverbrauch auf dem heutigen Niveau bliebe, mit einem Anstieg auf mindestens 400–500 ppm zu rechnen sein. Bedenkt man aber, daß alle Energieprognosen von einer weiteren Zunahme des gesamten Energieverbrauchs ausgehen – nämlich von 8,6 Milliarden Tonnen Steinkohleeinheiten heute auf mindestens 30 Milliarden Tonnen Steinkohleeinheiten im Jahre 2050 –, dann ist die Prognose von 600 ppm eher untertrieben, denn sie läßt einen weiteren Effekt der Co_2-Anreicherung außer acht.

Der Anstieg des Kohlendioxydgehalts wird zu zwei Dritteln durch Verbrennung von Kohle, Erdöl und Erdgas verursacht und zu einem Drittel durch Brandrodung von tropischen Regenwäldern. Von der freigesetzten Menge Kohlendioxyd verbleiben ca. 30 bis 50% in der Atmosphäre. Der Rest wird über die Oberfläche der Ozeane abgebaut. Da aber inzwischen mit einer Sättigung der Oberflächengewässer zu rechnen ist, wird zweifelsohne der verbleibende Rest zunehmen, d.h. auch hier ist eher mit einer Erhöhung zu rechnen. Weiter kommt hinzu, daß durch die rapide Abnahme des Waldes in den nächsten 50 Jahren der natürliche Kreislauf des Abbaus von CO_2 über grüne Pflanzen und Umwandlung in Sauerstoff immer stärker reduziert wird.

All diese Faktoren führen zu einer weiteren prozentualen Erhöhung des CO_2 in der Atmosphäre. Es ist also ohne weiteres denkbar, daß im Jahre 2050 mit einem CO_2-Gehalt von 900 ppm zu rechnen ist. Man bedenke, welche Wirkung CO_2 in dieser Größenordnung in der Atmosphäre auf das Wettergeschehen hat: Es wirkt wie die Glasscheiben eines Treibhauses. Es läßt Sonnenstrahlen durch, hält sie fest und verwandelt sie in Wärme, das bedeutet, je mehr CO_2 in der Atmosphäre enthalten ist, desto stärker steigt die Durchschnittstemperatur. Wir machen aber mit dem CO_2 noch ein weiteres globales Experiment, welches ich bereits zu Anfang dargelegt habe.

Ein weiteres globales Experiment ist die Zufuhr von Abwärme in die Atmosphäre. Als Abwärme wird diejenige Energiemenge bezeichnet, die beim Energieverbrauch nicht benutzt werden kann und in Form von Kühlwärme, Reibungswärme oder warmen Abgasen an die Atmosphäre abgegeben wird. Ein modernes Großkraftwerk, das außerhalb von großen Ballungsgebieten liegt, gibt 60 bis 70% seiner Energie über Kühltürme an die Luft oder an Flüsse ab. Der Rest der Energie wird als Strom an die Verbraucher weitergeleitet. Dabei gehen beim Transport ca. 5% verloren; weitere 5% werden bereits heute für Umweltschutzmaßnahmen verbraucht. Je nachdem, wie der Verbraucher den Strom einsetzt, gehen von dem Rest von 20 bis 30% weitere 15% verloren. Es bleiben also letztendlich nur ca. 5 bis 15% Nutzenergie, dagegen rund 85% Abwärme.

Die Kraftwerkindustrie geht zur Zeit von einem durchschnittlichen Anteil von 25% Nutzenergie des Gesamtenergieverbrauchs der Bundesrepublik aus. Diese Zahl ist meines Erachtens immer noch zu hoch gegriffen, weil auch für die Energiebeschaffung, den Kohleabbau, die Kohleaufbereitung und den vorsorgenden Umweltschutz beim Abbau und bei der Aufbereitung weitere Nutzenergie verlorengeht.

Insgesamt liegt der reale Nutzenergiefaktor also bei 5% des Gesamtverbrauchs. Der Rest von 95% ist direkt oder indirekt Abwärme, die zu 60% über Naß- oder Trockenkühltürme an die Atmosphäre abgegeben wird. Der Rest von 35% wird vom Kleinverbraucher über Automobile, Maschinen, Heizung usw. direkt an die Atmosphäre abgegeben.

Die Auswirkungen dieser Abwärme auf das Klima lassen sich unmittelbar am Wetterverhalten großer Städte und Ballungsgebiete sowie an den unterschiedlichen Luft- und Wassertemperaturen ablesen. So liegen bei einer Großstadt wie Berlin im Sommer wie im Winter die Innenstadttemperaturen ca. 2 bis 3 °C über den Temperaturen im Umland.

Amerikanische Wissenschaftler haben das Verhältnis von eingestrahlter Sonnenenergie und künstlich erzeugter Energie untersucht. Dabei haben sie zunächst festgestellt, wieviel Sonnenenergie von der Atmosphäre aufgenommen und wieviel wieder abgegeben wird. Dies nennt man die »natürliche Nettostrahlung«. Außerdem wurde untersucht, wieviel Energie auf einer bestimmten Fläche pro m^2 verbraucht wird. Diese Größe nennt man Energieverbrauchsdichte; sie wird in Watt pro m^2 gemessen. Ein Beispiel: Westberlin hat eine Energieverbrauchsdichte von 21,3W/m^2 und eine natürliche Nettostrahlung von 57 W/m^2. Das heißt, die künstlich erzeugte Energie erreicht fast 50% der natürlich eingestrahlten Sonnenenergie. Die Auswirkungen dieses hohen Anteils der Energieverbrauchsdichte an der Nettostrahlung kann man unmittelbar am Umweltatlas von Berlin erkennen. Für das Jahr 1982 betrug der Unterschied der Temperatur zwischen den Waldgebieten und dem bewohnten Kerngebiet – Kreuzberg, Neukölln, Charlottenburg und Wilmersdorf 4 °C. Für einige repräsentative Ballungsgebiete auf der Erde ergeben sich folgende Werte:

Dichte des Energieverbrauchs (EV)[+]
(in Watt pro m^2)

Ort	Fläche (km^2)	Bevölkerung (in Millionen)	EV-Dichte (W/m^2)	Natürliche durchschnittl. Nettostrahlung (W/m^2)
Manhattan	59	1.7	630	93
Moskau	878	6.42	127	42
Los Angeles:				
Stadt	3 500*	7.0	21	108
Bezirk	10 000	7.0	7.5	108
Westberlin	234*	2.3	21.3	57
Fairbanks	37*	0.03	18.5	18
Bosnywash**	87 000	33	4.4	90

*nur Wohnbaufläche
**21 Großstadtgebiete zwischen Boston, New York und Washington, D. C.

Etwas vereinfacht folgt aus diesen Daten und Berechnungen, daß es unmittelbare Zusammenhänge zwischen künstlichem Energieverbrauch und Umgebungstemperatur gibt. Aus dem vorliegenden empirischen Material läßt sich folgern, daß bei einer Energieverbrauchsdichte von 1 ein deutlicher Einfluß auf das Klima feststellbar ist. Die Weltenergieverbrauchsdichte beträgt zur Zeit 0,02 W/m^2, d. h. wir könnten theoretisch den Weltenergiejahresverbrauch auf ca. 40 Millionen Tonnen Steinkohleeinheiten steigern, und erst dann würde eine Temperaturänderung von ca. 0,5 °C eintreten. Diese Globalzahl geht jedoch von einer weltweiten Gleichverteilung des Energieverbrauchs aus. Tatsache ist aber, daß in Industrieballungsgebieten heute die Energieverbrauchsdichte von 1 bereits erreicht oder sogar überschritten ist. So hat Westdeutschland insgesamt eine Energieverbrauchsdichte von 1 W/m^2, das Ruhrgebiet von 17 W/m^2 und die Großregion Bosnywash – das ist die Region, die von Boston über New York, Philadelphia bis Washington reicht – eine Dichte von 4,4 W/m^2. Darüber hinaus ist zu beachten, daß sämtliche großen Industrieballungsgebiete – Mitteleuropa, Osteuropa und Nordamerika

\+ Aus: Stephen H. Schneider, *Klima in Gefahr*, Frankf./Main 1978, S. 179

– in der nördlichen Hemisphäre liegen. Dadurch schieben diese Gebiete eine riesige Wärmemenge in die Nordpolregion.

Wir haben an anderer Stelle bereits gesehen, daß die Aufnahmefähigkeit der Atmosphäre für Schadstoffe und Wärme durch die Sperrschicht begrenzt wird. Auch dies führt zu einer weiteren Verengung der globalen Wärmemengenverteilung, was bedeutet, daß sich auf lange Sicht die Nordhemisphäre in eine große Wärmewüste zu verwandeln droht. Darüber hinaus werden die Abwärmemengen große Einflüsse auf Wind, Temperatur und Niederschlag haben.

Auch in diesem Wärmegesamthaushalt ist ein weiteres Grundsatzproblem für die Nutzung der Kernenergie verborgen. Kernkraftanlagen müssen möglichst weit entfernt vom Verbraucher liegen – das Unglück von Tschernobyl hat diese Forderung noch dringlicher gemacht. Je größer aber die Entfernung zwischen Erzeugung und Verbrauch ist, um so mehr Abwärme wird erzeugt. Dabei liegt die kritische Entfernung bereits bei 25 km.

Die globalen und regionalen Zusammenhänge zwischen Abwärme und Klima werden auch durch einige andere Vorgänge evident: Über den großen Ballungsgebieten und Städten entladen sich relativ häufig heftige Gewitter und Unwetter. Diese Unwetter sind nicht mehr natürlichen Ursprungs, sondern entstehen durch die menschliche Beeinflussung des Klimas. Wie derlei Effekte global ablaufen, ist anhand eines natürlichen Klimabeeinflussungsinstrumentes darstellbar – des Golfstroms. Wir verdanken unser derzeitiges mildes Klima in Nordeuropa ausschließlich den Wirkungen des Golfstroms. Wenn wir durch globale Abwärmebeeinflussung die Wirkungen des Golfstroms verstärken, verwandeln wir unser jetziges Klima über kurz oder lang in ein Wüstenklima.

Schon jetzt wird deutlich, daß sich die Industrieländer seit 1800 eine wirkungsvolle Energiehexenküche aufgebaut haben, in der sie für jede Form der Zerstörung der Umwelt ein differenziertes Instrumentarium bereithalten. Vollständig wird es aber erst, wenn man die Situation von Wasser, Boden und Wald miteinbezieht. Sowohl was die Verschmutzung der Luft als auch die des Wassers betrifft, haben wir ein Erbe unserer Vorväter angetreten. Wir haben uns insofern als »würdige« Nachfolger erwiesen, als wir die Zerstörung mit großer Gründlichkeit fortgesetzt haben. Schon die Generation der Industriegründer mißbrauchte – etwa ab 1800 – die natürliche Ressource Wasser. Innerhalb von 50 Jahren wurden kleine, mittlere und große Flüsse in stinkende Kloaken verwandelt.

Bekannte Beispiele in Berlin sind Panke und Spree. An der Panke wurde bereits im vorigen Jahrhundert durch Gerbereibetriebe das Luisenbad mit seiner Quelle zerstört. Die Spree verwandelten die vielen kleinen Industriebetriebe durch ihre aggressiven Abwässer sehr bald in einen offenen Abwasserkanal.

Niemand hat dies eindringlicher geschildert als Wilhelm Raabe in seinem Umweltroman *Pfisters Mühle*:

Neuntes Blatt
Wie es eben bei dem Doktor Adam Asche
noch viel übler roch

Lieblich düftevoll lag die Sommernacht vor den Fenstern über dem alten Garten, dem rauschenden Flüßchen und den Wiesen und Feldern. Ein leiser Hauch von Steinkohlengeruch war natürlich nicht zu rechnen; aber es genügte doch, um mich bei den gewesenen Bildern festzuhalten, wenn ich gleich am heutigen Abend nicht mehr meinem Weibe davon weitern Bericht gab.

Es war eben ein Herbst- und Wintergeruch, den weder die dörflichen und städtischen Gäste noch die Mühlknappen und die Räder und mein armer fröhlicher Vater ihrerzeit länger zu ertragen vermochten. Und die Fische auch nicht – *jedesmal, wenn der September ins Land kam.*

Damit begann nämlich in jeglichem neuen Herbst seit einigen Jahren das Phänomen, daß die Fische in unserem Mühlwasser ihr Mißbehagen an der Veränderung ihrer Lebensbedingungen kundzugeben anfingen. Da sie aber nichts sagten, sondern nur einzeln oder in Haufen, die silberschuppigen Bäuche aufwärts gekehrt, auf der Oberfläche des Flüßchens stumm sich herabtreiben ließen, so waren die Menschen auch in dieser Beziehung auf ihre eigenen Bemerkungen angewiesen. Und ich vor allem auf die eigenen Bemerkungen meines armen seligen Vaters, wenn ich während des Blätterfalls am Sonnabendnachmittag zum Sonntagsaufenthalt in der Mühle aus der Stadt kam und den Alten trübselig-verdrossen, die weiße Müllerkappe auf den feinen grauen Löckchen hin- und herschiebend, an seinem Wehr stehend fand: »Nun sieh dir das wieder an, Junge! Ist das nicht ein Anblick zum Erbarmen?« Erfreulich war's nicht anzusehen. Aus dem lebendigen, klaren Fluß, der wie der Inbegriff alles Frischen und Reinlichen durch meine Kinder- und ersten Jugendjahre rauschte und murmelte, war ein träge schleichendes, schleimiges, weißbläuliches Etwas geworden, das wahrhaftig niemand mehr als Bild des Lebens und des Reinen dienen konnte. Schleimige Fäden hingen um die von der Flut erreichbaren Stämme des Ufergebüsches und an den zu dem Wasserspiegel herabreichenden Zweigen der Weiden. Das Schilf war vor allem übel anzusehen, und selbst die Enten, die doch in dieser Beziehung vieles vertragen können, schienen um diese Jahreszeit immer meines Vaters Gefühle in betreff ihres beiderseitigen Haupt-Lebenselementes zu teilen. Sie standen angeekelt um ihn herum, blickten melancholisch von ihm auf das Mühlwasser und schienen leise gackelnd wie er zu seufzen:

»Und es wird von Woche zu Woche schlimmer, und von Jahr zu Jahr natürlich auch!«

In seiner Novelle *Der Stopfkuchen* macht Raabe seine Kritik an der Umweltzerstörung bereits an der Intensivlandwirtschaft fest. Auch dies kann man heute kaum besser beschreiben, und geändert hat sich daran nichts, im Gegenteil, es ist nur schlimmer geworden. Die Folgen dieser Zerstörung hat Raabe mit geradezu ökologischer Weitsicht – auch ohne unsere heutigen intensiven wissenschaftlichen Forschungsmethoden – vorausgeahnt und 1857 in seiner Erzählung *Ein Frühling* geschildert. Geradezu erschütternd ist, daß Raabe jahrzehntelang als weltfremder Romantiker angesehen wurde.

Geblieben vom Erbe des vorigen Jahrhunderts sind uns die Schäden der Oberflächengewässer. Die Menschen des 20. Jahrhunderts haben dieses Werk vollendet: Flüsse, Seen und Bäche wurden und werden als Abwasserkanäle benutzt, als Transportschienen für Industriegüter und als Kühlwasserreservoirs für Kraftwerke.

Es gibt heute längs der Weser neun konventionelle Kraftwerke – zwei weitere sind im Bau. Die Weser fließt einmal durch jedes dieser Kraftwerke und wird dabei mehr und mehr aufgeheizt. An manchen Tagen im Sommer werden unterhalb der Kraftwerke Flußtemperaturen von 29 °C gemessen. Der Sauerstoffgehalt des Flusses sinkt zunehmend, was zu einem immer größeren Fischsterben führt. Die Aufheizung läßt große Mengen an Wasser verdunsten, wodurch der Wasserstand sinkt. Dennoch duldet der Energiehunger keinen Aufschub; das Wasser der Weser wird zum Kühlwasser für unseren Energieverbrauch degeneriert.

Der gleiche Prozeß spielt sich – wenn auch in größeren Dimensionen – am Rhein ab. Von Basel bis Rotterdam stehen links und rechts des Rheins Hunderte von Kraftwerksblöcken, zehn Kernkraftwerke, der Großteil der chemischen Industrie und im weiteren Einzugsbereich auch ein großer Teil der Automobilindustrie. Der Rhein ist heute in seinem Landschaftsbild zu einem energiegerechten Funktionssystem geworden. Es wäre wahrscheinlich vernünftiger gewesen, ihn von Anfang an – wie die Nahe in Idar-Oberstein – total einzubetonieren, denn schon in der Mitte des vorigen Jahrhunderts wurden endgültig alle Kloaken unterirdisch verlegt. Wer noch vor 40 Jahren im Rhein geschwommen ist, dem fällt es schwer, sich vorzustellen, wie man innerhalb von 40 Jahren eine so gigantische Naturzerstörung bewerkstelligen kann.

All dies geschieht nur, um am Ende des Energieverbrauchsprozesses 95% Abwärme zu erzeugen, die einen Fluß – einst besungenen als Naturschauspiel – eine stinkende, dampfende Chemiekloake verwandelt. Was besonders betroffen macht, ist der Umstand, daß diejenigen, die für diese ganze Zerstörung mitverantwortlich sind, ihren Sitz, Bonn, mitten in diesem zerstörten Chaos haben und ununterbrochen darüber diskutieren, warum wir noch mehr Energie benötigen und verbrauchen.

Während die Binnengewässer bereits am Ende des 19. Jahrhunderts in weiten Teilen stark in Mitleidenschaft gezogen waren, begann die Zerstörung der Ozeane erst durch die Nutzung des Erdöls. Die Massenmotorisierung in den mitteleuropäischen Industrieländern und die Umstellung der Raumheizung von Kohle auf Erdöl führte zu einem riesigen Bedarf an Erdölprodukten. Dieser Bedarf konnte nur noch durch Großtanker gedeckt werden, die in der Folge die oberen Schichten der Ozeane weitgehend durch Teer verschmutzten. Bereits heute kann festgestellt werden, daß ein wesentlicher Teil der Meeresbewohner und der angrenzenden Küstenbereiche dieser Verschmutzung zum Opfer gefallen ist. Global läßt sich sagen, daß in allen Industrieländern der Energieverbrauch innerhalb von 100 Jahren nicht nur den größten Teil der Binnengewässer, sondern auch die Meeresoberflächen zerstört hat.

Neben dem Wasser wurde von Anfang an auch der Boden als Müllkippe für die Rückstände der Energieerzeugung benutzt. Vor allem die frühen Gaswerke, Dampfmaschinen, Bergwerke, Kokereien und Elektrizitätswerke ließen ihre Altöle, ihren Kohlenstaub und alle anderen chemischen Rückstände rücksichtslos in den Boden ab – ohne Wiederaufbereitung oder halbwegs akzeptable Deponien. 1986 ist auf einem Kongreß in Berlin festgestellt worden, daß es in Westdeutschland und Berlin eine riesige Anzahl von Altdeponien gibt, für deren Beseitigung in den nächsten zehn Jahren mindestens 17 Milliarden DM aufgebracht werden müßten.

Nach allen Erfahrungen mit solchen Schätzungen sind die realen

Zahlen sicherlich wesentlich höher. Weiterhin kann man davon ausgehen, daß bisher nur ein Teil der wilden Deponien gefunden worden ist und viele andere Deponien, die unentdeckt bleiben werden, ihre giftigen Substanzen weiter an das Grundwasser abgeben können. Irgendwann werden wir nicht nur vor dem Problem stehen, daß wir unser Trinkwasser nicht mehr aus den Oberflächengewässern gewinnen können, sondern daß wir es mit viel Energieaufwand aus immer größeren Tiefen pumpen und aufbereiten müssen.

Neben der direkten Zerstörung des Bodens durch Deponien verursacht der hohe Energieverbrauch die chemische Zerstörung des Bodens durch Übersäuerung. Als sich in den sechziger Jahren die Luftverschmutzung, bedingt durch Abgase aus den Kraftwerken und der Schwerindustrie, immer mehr auf die Lebensqualität der Bewohner der großen Städte und vor allem der Industriegebiete auswirkte, wurde die Forderung nach dem »blauen Himmel über der Ruhr« zum Wahlkampf-Motto und Wahlversprechen. Die Lösung schien einfach: Man verteilte die Schadstoffe über größere Flächen. Dies wurde erreicht, indem man die Politik der hohen Schornsteine betrieb. Fortan bliesen alle Kraftwerksbetreiber ihre giftigen Abgase durch 200 und 300 Meter hohe Schornsteine in die höheren Luftschichten und deponierten sie dort langfristiger. Zunächst brachte dies einen gewissen Verbesserungseffekt, vor allem die Luft in der näheren Umgebung wurde sauberer. Dafür traten aber in den weiter entfernt liegenden Gegenden – mit einer gewissen Zeitverzögerung – wesentlich größere Schäden auf. Das Waldsterben in den Industrieländern begann. Ich will hier darauf verzichten, die komplizierten Zusammenhänge und die einzelnen Verursacher aufzuzählen. Fest steht aber, daß sowohl die Kraftwerke durch ihre hohe Schadstoffemission als auch die Automobile und die chemische Industrie mit ihren vielen Kohlenstoffverbindungen gleichermaßen zur Versauerung der Böden und zur Zerstörung des Lufthaushaltes entscheidend beigetragen haben. Aber auch diese Betrachtungsweise ist vordergründig, denn letztlich sind wir als Massenverbraucher auch die Verursacher des Waldsterbens.

Wir können uns daher angesichts der Erkenntnis, daß großer und falscher Energieverbrauch zur Gesamtzerstörung unserer Umwelt führt, vor der Verantwortung nicht mehr drücken. Liest man heute den Waldschadensbericht von 1984 und vergleicht ihn mit dem von 1986, so fallen einem die optimistischen Untertöne von 1984 auf. Heute gibt es für Optimismus keinen Grund mehr. Nach den Veröffentlichungen einzelner Bundesländer hat die Zahl der erkrankten Bäume um 7 % zugenommen. Das war die Zuwachsrate, um die in den 70er Jahren der Stromverbrauch stieg, und darauf waren wir stolz. Überdies muß, was die Zuwachsrate des Waldsterbens betrifft, berücksichtigt werden, daß gefällte Bäume nicht mehr als »krank« gemeldet werden, was bedeutet, daß diese Verluste sich nicht in der Statistik niederschlagen. Das Waldsterben schreitet also wesentlich schneller voran, als statistische Daten verraten. Darüber hinaus sind inzwischen sämtliche Baumarten betroffen, auch die Laubbäume. In einzelnen Forstministerien dämmert langsam die Erkenntnis, daß in zwei Generationen kein Wald mehr vorhanden sein wird. Die größte Schreckensmeldung betrifft aber die Wiederaufforstung: Der überwiegende Teil der Jungpflanzen geht schon nach kürzester Zeit wieder ein (vgl. *Der Spiegel*, Nr. 38/1986, S. 79).

Trotz dieser katastrophalen Lage geht der Expertenstreit über die Ursache des Waldsterbens weiter und weiter. Ja, es gibt sogar heute noch Wissenschaftler, die das Phänomen an sich leugnen. Wir müssen davon ausgehen, daß es im Jahre 2020 keinen Wald mehr in Europa und auch in weiten Teilen Nordamerikas geben wird, wenn wir unseren Energieverbrauch nicht radikal senken – die Reduzierung der Abgase allein genügt nicht.

Doch nicht nur in den Industrieländern stirbt der Wald, auch die tropischen Regenwälder in Südamerika, Afrika und Asien sind betroffen. Diese Wälder werden bisher nicht chemisch, sondern durch Abholzung und Brandrodung vernichtet. Die Gründe dafür liegen auch wieder in den Industrieländern. Dort werden immer mehr tropische Edelhölzer verarbeitet und auf dem Markt angeboten. So haben z. B. Edelhölzer wie Bangossi und Teak die heimischen Buchen-, Eichen- und Lärchenhölzer verdrängt. Doch es geht dabei nicht nur um edle Furniermöbel. Durch ihre besondere Wetterbeständigkeit werden tropische Hölzer auch zunehmend als gewöhnliches Bauholz genutzt. Außerdem fordert der übermäßige Fleischkonsum in den Industrieländern eine immer größere Menge an Importkraftfutter und Rinderweiden in Südamerika, Asien und Afrika. Nicht zuletzt der Mehrbedarf an Nahrungsmitteln in den Entwicklungsländern erfordert scheinbar, immer mehr Wald in Weiden und Äcker umzuwandeln. Allein in den letzten 100 Jahren ging von 20 Mill. km^2 Regenwald die Hälfte verloren. Geht diese Entwicklung so weiter wie bisher, wird Ende des nächsten Jahrhunderts der größte Teil der Regenwälder abgeholzt bzw. brandgerodet sein. Doch die Regenwälder sind für das ökologische Gleichgewicht nicht zuletzt deshalb von unschätzbarem Wert, weil sie einen Teil des großen Weltklimageschehens beeinflussen und unser gesamtes Klima bisher in einem Gleichgewicht gehalten haben.

Für eine Bilanzierung des Weltklimageschehens fehlt eigentlich nur noch eine Einflußgröße, nämlich das Wachstum der Weltbevölkerung. Bei einer derzeitigen Weltbevölkerung von vier Milliarden Menschen beträgt der Energieverbrauch ca. 9–10 Milliarden Tonnen Steinkohleeinheiten. 1950 betrug er noch 2,67 Tonnen, d.h., er hat sich in den letzten 30 Jahren mehr als verdreifacht. Analysiert man aber die Verbrauchsschwerpunkte nach Ländern, so verbrauchen heute wie damals 25% der Erdbevölkerung 70% der Energie. Damit wird deutlich, daß die Wachstumsraten des Energieverbrauchs nur in den Industrieländern der Nordhalbkugel – Nordamerika, EG, sozialistische Länder und Japan – relevante Größenordnungen haben. Da aber in diesen Ländern in der fraglichen Zeit das Bevölkerungswachstum kaum noch eine Rolle gespielt hat, ist der Energieverbrauch als reiner Mehrverbrauch pro Kopf der Bevölkerung anzusehen. Die Länder mit großem Bevölkerungswachstum waren am Wachstum des Energieverbrauchs nicht beteiligt. Dort sind noch nicht einmal Geräte und Vorkehrungen geschaffen worden, die es ermöglichen, große Mengen von Energie zu verbrauchen, d.h., es gibt in diesen Ländern weder eine mechanisierte Landwirtschaft noch mechanisierte Haushalte, große Industrieanlagen oder eine nennenswerte Zahl von Automobilen. Da es aber sehr unwahrscheinlich ist, daß all dies in den nächsten 30 Jahren geschaffen wird, spielt im Grunde das Wachstum der Bevölkerung in den Entwicklungsländern für den Energieverbrauch auch weiterhin keine Rolle. Ganz im Gegenteil, es ist vorherzusehen, daß die Industrieländer alles daran setzen, den Ländern der dritten Welt möglichst wenig vom großen Kuchen der Weltenergieerzeugung abzugeben. Deshalb müssen sie auch die Verantwortung für einen eventuellen Zusammenbruch des Weltklimas allein tragen. Das heißt, die Bedingung für eine Veränderung des Weltenergieszenariums hängt in erster Linie vom Verhalten der Industrieländer ab.

Die Erde funktionierte mit ihrem Energiehaushalt als großer, fast geschlossener Regelkreis, der nur von der Sonnenenergie beeinflußt wurde. Dieser Naturkreislauf funktionierte noch einige Millionen Jahre – nachdem der Mensch die Bühne des Weltgeschehens betreten hatte – mit einer globalen Durchschnittstemperatur von 15 °C. Das Erdklima ist insgesamt gemäßigt und bietet ideale Bedingungen für das pflanzliche und tierische Leben. Mit der Entwicklung des Ackerbaus griff der

Mensch erstmalig in diesen Kreislauf ein. Die Waldvernichtung im Mittelmeerraum durch Griechen und Römer brachte ein vergleichsweise kleines, lokal begrenztes Gebiet aus dem klimatischen Gleichgewicht. Seit der Erfindung und Nutzung der Dampfmaschine – oder besser gesagt der Wärmekraftmaschine – ist das klimatische Gleichgewicht dann total ins Schwanken geraten. Es wurden Prozesse in Gang gesetzt, deren Auswirkungen schon nach 200 Jahren globale Ausmaße erreicht haben, da sie gleichzeitig wirken bzw. sich wechselseitig verstärken.

Der Abbau des Ozons in der Troposphäre führt zu einer Erhöhung der Sonneneinstrahlung auch in den unteren Luftschichten und damit zu einer Erhöhung der Durchschnittstemperatur. Der Anstieg des CO_2-Gehalts dürfte selbst bei unverändertem Energieverbrauch bis Mitte des nächsten Jahrhunderts auf 600 ppm ansteigen. Dies wird unweigerlich zu einer Erhöhung der globalen Durchschnittstemperatur führen. Das Abschmelzen der Eismassen an den Polen wird forciert, wodurch die Erde ihre »Kühlelemente« verliert, die die Durchschnittstemperatur auf einem Niveau von 15 °C halten. Mit dem Abschmelzen gleiten die Eismassen in die Meere und erhöhen den Meeresspiegel. Die Luftverschmutzung durch den fossilen Energieverbrauch führt zu einer Erhöhung des Ozonanteils in den unteren Luftschichten. Folge davon ist das Waldsterben in der gesamten nördlichen Hemisphäre. Dadurch verringert sich die Möglichkeit der Pflanzen, Kohlendioxyd abzubauen: Der Kohlendioxydgehalt der Luft steigt erneut. Durch das Waldsterben wird die Bodenerosion gefördert, und zwar nicht nur im Flachland, sondern auch in den Mittelgebirgen. So sinkt beispielsweise die Wasseraufnahmefähigkeit der Alpen. Das bedeutet, daß eines der zentralen Trinkwasserreservoirs Mitteleuropas zerstört wird. Das Abholzen der tropischen Regenwälder vermindert den Abbau von Kohlendioxyd ebenfalls. Der Treibhauseffekt wird verstärkt. Das Verschwinden der Wälder reduziert die Abbaufähigkeit der eingestrahlten Sonnenenergie und führt unmittelbar zu einer weiteren Aufheizung der Atmosphäre. Die Abwärme kann – auch wenn der Energieverbrauch konstant bliebe – von der Atmosphäre und den übrigen Kühlelementen, Wasser und Boden, immer weniger aufgenommen werden und trägt ebenfalls zur Erhöhung der Durchschnittstemperatur bei. Doch je höher die Durchschnittstemperatur auf der Erde ist, um so mehr Energie wird verbraucht. Diesen scheinbaren Widerspruch kann man unmittelbar am Energieverbrauch der großen nordamerikanischen Städte ablesen. Obwohl sie höhere Durchschnittstemperaturen als das übrige

Land aufweisen, steigt der Energieverbrauch, bedingt durch die Klimaanlagen.

Durch die Bodenerosion – verursacht durch Waldsterben und Intensivlandwirtschaft – sinken die Erträge; dem muß mit erhöhtem Kunstdüngerverbrauch und mit mehr Mechanisierung begegnet werden. Das Waldsterben und die gleichzeitige Gesamtzerstörung der natürlichen Umwelt hat tiefgreifende Veränderungen im Freizeit- und Erholungsverhalten der Menschen in den Industrieländern zur Folge. Um noch »natürliche Erholungsgebiete« aufsuchen zu können, müssen immer größere Entfernungen zurückgelegt werden, d. h., für den Verkehr wird immer mehr Energie verbraucht. Als Ersatz für die zerstörten Naherholungsgebiete werden mehr und mehr Freizeitparks und Sportstätten geschaffen. Diese benötigen zwangsläufig mehr Energie. Der Waldverlust führt weiterhin dazu, daß immer mehr Produkte des täglichen Lebens nicht mehr aus natürlichen, d. h. sonnenenergetisch gewonnenen Rohstoffen hergestellt werden, sondern – sehr energieaufwendig – aus Kunststoffen. Die Naturzerstörung und die Umgestaltung der Landwirtschaft zur Industrieagrikultur verschlechtern die Arbeitsbedingungen auf dem Land, senken die Lebensqualität und führen zu einer immer größeren Verstädterung, wodurch der Energieverbrauch wiederum steigt.

Durch unseren derzeitigen Energieverbrauch und die Abhängigkeit von der Elektrizität haben wir uns in die Zwangslage gebracht, uns für fossile Energie oder Kernenergie entscheiden zu müssen. Durch den teuren Umweg über die Kernenergie, der uns nicht nur 30 Jahre Zeit, sondern auch immense Summen gekostet hat, fehlt uns die Möglichkeit, schnell von der fossilen Energie auf Nutzung der Sonnenenergie umzusteigen. Selbst die Deutsche Physikalische Gesellschaft erliegt der Versuchung, die Kernenergie – aufgrund der großen Probleme mit fossiler Energie – zu favorisieren. Die Unfälle von Harrisburg, der Super-GAU von Tschernobyl und viele »Beinah-Unfälle« müßten eigentlich jeden davon überzeugt haben, daß durch den Weg in die Kernenergie weitere Katastrophen geradezu programmiert werden. Je später sich diese ereignen, um so weniger Zeit bleibt für den Umstieg auf die Sonnenenergie! Falls wir die Kernkraftwerke, die wider alle Vernunft betrieben werden, nicht schon jetzt abschalten, steigt bis zum nächsten Super-GAU der Zwang zum Handeln immer mehr, so daß dann in noch umfangreicherem Maße fossile Energie eingesetzt werden muß – eine fatale Folge für die Gesamtsituation unserer Erde.

Wir haben aber noch einen weiteren Teufelskreis erzeugt: Je mehr

Energie wir verbrauchen, um so mehr technische Schutzmaßnahmen müssen ergriffen werden, die wiederum Energie verschleißen, vor allem Strom. Die Umweltschutzmaßnahmen erfordern weitere Schutzmaßnahmen, die wiederum Energie verbrauchen. Das bedeutet, je mehr Energie für den Umweltschutz verbraucht wird, um so größer muß schließlich die Energieerzeugung sein.

Genau in diese Kerbe haut auch die Aussage der Bundesregierung im Energiebericht 1986: Erzeugung und Nutzung von Energie beanspruchen die Umwelt. Die Verfügbarkeit von Energie ermöglicht aber auch den Betrieb vielfältiger Umweltschutzeinrichtungen. Bilanziert man nun die globalen Auswirkungen – Ozonabbau, CO_2-Anreicherung, Abwärme, Waldsterben und Erhöhung des Energieverbrauchs – als Folge der Luftverschmutzung, so kann man feststellen, daß das »Luftsterben« etwa ab 1860 begann. Beschleunigt wurde die Luftverschmutzung ab 1950, ihre Endphase setzte Mitte der siebziger Jahre ein. Quantitativ erhält man, selbst wenn man jeweils von den unteren Grenzwerten der Einzelphänomene ausgeht, innerhalb der nächsten 60 Jahre eine globale Erhöhung der Erddurchschnittstemperatur von mindestens 4 °. Dabei ist zu befürchten, daß – selbst bei stagnierendem Energieverbrauch – heute so viel an Luftschadstoffen freigesetzt wird, daß diese Entwicklung nicht mehr aufzuhalten ist.

Die meisten Politiker und viele Wissenschaftler wollen für diese Prognose konkrete Beweise haben. Wenn wir aber den Beweis erbracht haben, daß die Durchschnittstemperatur der Erde um 1 °C gestiegen ist, wird es zu spät sein. Das bedeutet, wir können uns nur an den alarmierenden Vorzeichen dieser Entwicklung orientieren, die bedrohlich genug sein sollten: Ozonloch, Waldsterben, Ansteigen des CO_2-Gehaltes, Boden- und Wassersterben, Ansteigen der Meeresspiegel, Dürrekatastrophen in der Sahelzone oder in den USA. Welche Beweise brauchen wir noch, um zu verstehen, daß wir auf eine globale Katastrophe zusteuern?

Faßt man das Ganze in einem Bild zusammen, so befinden wir uns in einer ähnlichen Situation wie die Reisenden auf der Titanic: Der Wachhabende meldet: »Eisberg voraus!« Der Kapitän, im Bewußtsein, das sicherste Schiff der Welt zu lenken, und gleichzeitig von dem Ehrgeiz befallen, die schnellste Atlantik-Überquerung durchzuführen, wehrt sich gegen jede Unterbrechung der Reise. Der Fortschritt sollte sich an diesem Schiff behaupten. Die schlechteste Entscheidung von drei möglichen. Die erste und vermutlich beste wäre gewesen, die Maschinen mit voller Kraft rückwärts laufen und das Schiff auf den Eisberg auflaufen zu lassen. Dann wäre zwar das Vorderschiff gestaucht worden, auf Grund seiner sicheren Konstruktion hätte es aber die Kollision mit dem Eisberg überstanden, und es wären Tausende von Menschen gerettet worden. Eine zweite Möglichkeit wäre gewesen, das Schiff durch eine radikale Kehrtwendung mit dem Heck zum Eisberg zu bringen. Ob dies gelungen wäre, ist unsicher, doch wäre dabei dem Schiff der geringste Schaden zugefügt worden. Statt dessen befiehlt der Kapitän, dem Eisberg auszuweichen und reißt damit fast die gesamte Flanke des Schiffsrumpfes auf.

Die Entscheidung, vor der wir heute in der Energiefrage stehen, sieht ähnlich aus: Wir können nichts anderes machen, als das Rad mit voller Kraft zurückdrehen und erkennen, daß uns die derzeitige Technik in fast allen Bereichen in den Untergang führt. Wir müssen etwas riskieren und auf einen Teil der Technik verzichten. Anders dargestellt: Wir befinden uns in der Situation von Kindern, die in ihren Zimmern eine riesige Menge von Spielzeug angehäuft haben – wobei ihnen eigentlich gar kein Platz mehr zum Spielen bleibt. In einem solchen Falle muß aussortiert werden. Wir müssen entscheiden, von welchen unserer vielen technischen Spielzeuge, die alle sehr viel Energie verbrauchen, wir uns trennen wollen. Diese Entscheidung kann uns niemand abnehmen, aber jeder einzelne muß sie mittragen und mitvollziehen.

Alternativen

Die Industriegesellschaft entpuppt sich in allen Lebensbereichen als Energieverschwendungsgesellschaft, denn 95 % der eingesetzten nichtregenerierbaren Energie entweicht ungenutzt in die Atmosphäre bzw. dient der Aufheizung der Gewässer. Die Ursachen dafür liegen im wesentlichen in folgenden Bereichen:

- im motorisierten Individualverkehr;
- im hohen und falschen Energieeinsatz (Wärmeerzeugung durch Strom) in Industrie und Haushalt;
- in der Landwirtschaft samt Lagerhaltung und Lebensmittelindustrie;
- in den Strukturen der großen Städte;
- in der Trennung von Produzent und Konsument (Transportenergie);
- in der Anspruchshaltung der Menschen in den Industrieländern.

Die Folge dieser Verschwendung ist die Zerstörung der Ressourcen Boden, Luft, Wasser und Wald. Zu erwarten ist, wie wir gesehen haben: die globale Zerstörung unseres Lebensraumes, die Erhöhung des Meeresspiegels durch die Abschmelzung der Pole, die Erhöhung der Durchschnittstemperatur, die Veränderung des Weltklimas, die gefährliche Zunahme der UV-Strahlung durch die Zerstörung der Atmosphäre. Diese Entwicklungen sind bereits eingeleitet und werden um die Mitte des nächsten Jahrhunderts zum Zusammenbruch führen, d.h. zur Ausrottung eines großen Teils der Lebewesen einschließlich der Gattung Mensch, sofern der Zerstörungsprozeß nicht bereits vorher durch einen Atomkrieg vollendet wird.

Doch bleiben wir bei den zivilen Entwicklungstendenzen, die nur abzuwenden sind, wenn sowohl die kapitalistischen als auch die sozialistischen Industrieländer ihr Energieverbrauchsverhalten radikal ändern.

Die Alternative besteht nicht in der Suche nach einer neuen Energiequelle, einer Wunderenergie für das 21. Jahrhundert, sondern in der Anpassung der menschlichen Bedürfnisse an die Natur, d.h. an diejenige Energie, die uns als Sonnenenergie zur Verfügung steht; denn nicht die Verbrauchsforderung kann Maßstab der Umorientierung sein, sondern das Angebot der Natur: Der Konsens zwischen Energieverbrauch und Natur muß auf Kosten übersteigerter Konsum- und Komfortansprüche wiederhergestellt werden. Um dies zu erreichen, müssen wir nach Wegen suchen, wie wir die Nutzung von Kohle, Öl, Erdgas und Kernenergie aufgeben und an traditionellen oder auch neuen Formen der Nutzung von Sonnenenergie anknüpfen können. Dabei ist zu beachten, daß diesbezügliche Ausstiegsszenarien sich auf verschiedene Zeiträume beziehen, nämlich kurzfristige (10 Jahre), mittel- (30 Jahre) sowie langfristige (50 Jahre).

Für eine Umorientierung werden die nächsten zehn Jahre entscheidend sein; in diesem Zeitraum müßte es gelingen, einen neuen Grundkonsens zu finden. Wichtige Faktoren dieses Konsenses könnten darin bestehen, die Fortschritts- und Wachstumsideologie aufzugeben, einen vorsorgenden Umweltschutz zu entwickeln sowie die falsche Vorstellung, es bestünde ein Ausgleich zwischen der herrschenden industriellen Produktionsweise und der Ökologie, endgültig zu begraben. Weiterhin wäre es wichtig, sämtliche Bereiche unseres Lebens ökologisch zu bewerten und den Ausstieg aus den obengenannten, besonders intensiven Energienutzungsbereichen zu planen.

In dieser kurzfristigen Perspektive könnten die Verbraucher (die Privathaushalte) bereits einen entscheidenden Beitrag zur Veränderung leisten, indem sie auf energieintensive und umweltschädliche Produkte verzichten und ihre Lebensgewohnheiten verändern. Diese Umorientierung kann in der Umstellung der Ernährung auf Vollwertkost bestehen, auf der Erkenntnis beruhen, daß das Baden im sauberen Fluß schöner wäre als im beheizten Freibad, daß der Apfel aus dem eigenen Garten höherwertiger ist als die herbeigeflogene Ware aus den entferntesten Ecken der Welt, daß die Nahrung den Jahreszeiten angepaßt werden kann, daß die Wanderung im Wald mehr Erholung bringt als die Fahrt mit dem 250-PS-Wagen zum Squashspiel. Etliches mehr könnte man dazu aufführen, einfach zu realisierende Dinge, durch die bis zu 50% des privaten Energieverbrauchs gespart werden könnten.

Mittelfristig könnten sich auf der Grundlage dieser durchaus konservativen Bewertung von Lebensqualität Strukturen entwickeln, die es ermöglichten, auch die komplexen Bereiche unseres Lebens – Raumheizung, Stromversorgung, Entsorgung – auf die verstärkte Nutzung von Sonnenenergie umzustellen. Langfristige Strategien bestehen in einer Umstellung der Produktion von verbrauchsorientierten Zerstörungstechniken auf naturerhaltende Technologien. Es kommt also darauf an, nicht die existierenden technischen Systeme durch nachsorgenden Umweltschutz energieintensiv zu verbessern, sondern sonnenenergetische Techniken zu entdecken bzw. wiederzuentdecken und diese sinnvoll und sparsam zu nutzen.

Ein zentraler Bereich der Umstrukturierung wird die Landwirtschaft sein, da die bestehende Überschußproduktion nicht nur energieintensiv ist, sondern zusätzlich den Boden verbraucht. Wir benötigen daher, langfristig gesehen, einen biologischen Landbau, beispielsweise in Form von Permakulturen, wie sie Bill Mollison in Australien entwickelt hat. Als Permakultur bezeichnet man das Zusammenspiel von mehrjährigen Pflanzen und vielen Tierarten in einem Ökosystem, »das Regenwasser und Sonnenenergie (speichert), sie sparsam und effektiv (nutzt), die Bodenfruchtbarkeit (verbessert) und die Abfälle der einen Tier- und Pflanzenart als Rohstoffe für die nächste (verwendet). Sie ordnet die Tiere und Pflanzen so zueinander, daß ihre Bedürfnisse ohne menschliches Zutun erfüllt sind«. Weil bei dieser Form des Landbaus sowohl der Fruchtwechsel als auch das Pflügen entfallen, gibt es keine Bodenerosion. Durch eine bestimmte Auswahl von Pflanzen kann zudem innerhalb von fünf Jahren eine Entgiftung der Böden erreicht werden. Schließlich ermöglicht eine derartige Kultur, auf chemische Schädlingsbekämpfungsmittel zu verzichten und eine Vielfalt von Nutzpflanzen anzubauen. Der entscheidende Vorteil einer Gartenkultur scheint mir darüber hinaus darin zu liegen, daß sie auf kleinstem Raum – in Gewächshäusern, Schrebergärten etc. – betrieben werden kann und so auch eine Versorgungsmöglichkeit für viele Stadtmenschen bieten könnte, zumal weder Maschinen zur Bearbeitung noch zum Ernten gebraucht würden. Ein Teil der städtischen Grünflächen könnte zur Anlage von Permakulturen verwendet werden, man bekäme frische Ware und fände zudem einen Ersatz für energieintensive Freizeitgestaltung.

Die skizzierte Anbautechnik macht natürlich eine Umstellung der Nahrung auf mehr pflanzliche Produkte notwendig. Gleichzeitig könnte dazu übergegangen werden, wieder vermehrt Nahrungsmittel selbst herzustellen und auf die Fertigangebote – z. B. Tiefkühlkost – zu verzichten, wodurch auch ein erheblicher Beitrag zur Bekämpfung der sogenannten Zivilisationskrankheiten geleistet würde. Wir brauchen also eine dezentrale landwirtschaftliche Struktur, die von den Bedürfnissen der Menschen ausgeht und nicht vom Gewinnstreben der Großagrarier und des Agrobusiness.

Ein weiteres wichtiges Element einer neuen Politik ist die Umorientierung in der Stadtplanung. Dazu gehört zuallererst eine attraktive Nahverkehrsplanung, die das Umsteigen vom Auto auf die öffentlichen Verkehrsmittel erleichtert, d. h. ein Verkehrsnetz, das auf U-Bahn, S-Bahn und Straßenbahn gestützt ist. Der Autobus scheint innerhalb sehr großer Städte wie Berlin keine Alternative zu sein, sofern die Fahrzeiten vielfach dem des Autoverkehrs gleichen und der Fahrkomfort oft sehr zu wünschen übrig läßt. Wien hat beispielsweise ein vorbildliches Verkehrsnetz. Die Straßenbahnen wurden beibehalten und durch ein S- und U-Bahnnetz ergänzt. Gebiete, die mit diesen Systemen nicht unmittelbar erreicht werden können, sind mit Minibussen jeweils bis zur nächsten Bahnstation angeschlossen. Um den Menschen in den Städten den Abschied vom Auto zu erleichtern, benötigt man auch ein Tarifsystem, das dafür Anreize bietet. In Wien gibt es eine übertragbare Umweltkarte für 200 Schillinge, mit der eine Person 8 Tage, zwei Personen 4 Tage alle Linien innerhalb des Wiener Stadtgebiets nutzen können. Der Fahrpreis von umgerechnet 3,50 DM pro Tag ohne einen zusätzlichen Lichtbildausweis macht das Fahren in dieser Stadt zu einem wahren Vergnügen!

Zur Umorientierung der Verkehrsplanung gehört ebenso, daß nicht mehr die Autofahrer, sondern die Fußgänger oder Fahrradfahrer als bevorzugte Verkehrsteilnehmer anzusehen sind. Die Schreibtischmenschen könnten ihre überschüssige Energie dann auf dem Weg zur Arbeit loswerden, ohne der Umwelt zu schaden. Eine weitere Strukturveränderung müßte zum Ziel haben, die unvernünftige Trennung von Wohnen und Einkaufen, die sich in den letzten 15 Jahren dadurch entwickelt hat, daß riesige Großmärkte am Stadtrand entstanden sind, aufzuheben zugunsten von Einkaufsmöglichkeiten im Wohngebiet.

Die Energieversorgungssysteme und die Energieträger selber stellen das größte Problem für die Umstrukturierung dar, weil uns nur die Sonnenenergie bleibt, die in Form von Wind, Wasser, Photovoltaik und Photosynthese genutzt werden kann. Als Treibstoff bleibt Wasserstoff, sofern er sonnenenergetisch erzeugt wird. Auf Sonnenenergie gestützte Energiequellen fallen überall in kleinen Mengen an. Die technisch-organisatorischen Strukturen müssen also dezentral angepaßt werden. Für die elektrische Grundversorgung sind z. B. Blockheizkraftwerke denkbar, die mit Sonnenenergie oder mit Wasserstoff betrieben werden. Für Einzelhäuser gibt es bereits das als Mao-Diesel bekannte System, das eine Energieausnutzung von 80 bis 90 % bringt und zusätzlich Strom liefert, der allerdings bei dem bestehenden Energieerzeugungsmonopol an die großen Gesellschaften nur zu Dumpingpreisen verkauft werden kann. Für den ländlichen Bereich bieten sich darüber hinaus vielfältige Biogasanlagen an, die ebenfalls kleine Kraftwärmeanlagen betreiben können. Das alles setzt aber voraus, daß wir uns keinerlei Verschwendung von Energie mehr leisten und anstelle von Apparaten, die Energie verschwenden, solche verwenden, die Energie optimal speichern. Hier sind einerseits Ingenieure gefordert, andererseits Politiker, die der Energieverschwendung ein gesetzliches Ende bereiten. Dazu gehört z. B., daß Umweltschonung steuerlich begünstigt und deren Zerstörung bestraft wird: Das Verursacherprinzip ist überall anzuwenden. Es geht nicht an, daß die Gemeinschaft die Kosten dafür trägt, daß einzelne Raubbau an der Natur betreiben bzw. sie nachhaltig zerstören und dabei noch verdienen.

Neben diesen Maßnahmen muß endlich eine wirksame Umweltschutzgesetzgebung für alle Bereiche geschaffen werden. Smogalarm muß dann ausgerufen werden, wenn Smog droht , und nicht, wenn er schon da ist und mit dem ersten Toten zu rechnen ist. Die Grenzwerte für die Stufe 2 müssen mindestens um 50 % gesenkt werden. Der durchschnittliche Berliner lebt heute bei unseren Luftqualitäten schlechter als ein Pinguin im Zoo. Erst wenn wir wieder ein Bewußtsein für Luftqualität haben, werden wir unseren heutigen Zustand als total unnormal erkennen können. Die Grenzwerte für die Ableitung schadstoffhaltiger Luft müssen um die Hälfte gesenkt werden. Vor allem muß für alle Wärmeerzeuger eine gerätetypische Höchstmenge an CO_2 gesetzlich verankert werden. Für den gesamten Bereich der Gewässer muß grundsätzlich jede Einleitung von Giftstoffen verboten werden. Dies bedingt unmittelbar, daß die ganze chemische Produktion so umgestellt werden muß, daß sie mit giftfreien Rückständen arbeitet. Für den gesamten landwirtschaftlichen Bereich muß die Aufbringung von Pflanzenschutzmitteln, Kunstdünger und Gülle auf den Boden gesetzlich geregelt werden. Die festgelegten Höchstmengen müssen mindestens um die Hälfte unter den heutigen liegen. Für die Aufbringung von Pflanzenschutzmitteln und anderen Giftstoffen muß eine Langzeitregelung getroffen werden, die dazu führt, daß nach 20 Jahren der Einsatz dieser Mittel grundsätzlich abgeschafft wird.

Eine zentrale Bedeutung für die Herstellung eines Grundkonsenses über den ökologischen Umbau der Industriegesellschaft wird die Frage nach den künftigen Arbeitsplätzen haben. Neue Formen des gesellschaftlichen Energieverbrauchs erfordern auch neue Arbeitsplätze. In den letzten 200 Jahren haben sich gewaltige Veränderungen in der Beschäftigungsstruktur der Industriegesellschaften ergeben: Arbeitsplätze in der Landwirtschaft, die zwei Drittel der Bevölkerung innehatten, wurden zu industriellen Arbeitsplätzen oder zu Arbeitsplätzen im Handels- und Dienstleistungsbereich umgewandelt. Wir erleben heute, daß diese zunehmend der Automatisierung und Rationalisierung zum Opfer fallen, so daß sich die Frage nach künftigen Arbeitsplätzen auch innerhalb des Systems der Industriegesellschaft stellen wird.

Aus den dargestellten Gründen ist ein Ende der Massenproduktion, die am schnellen Verbrauch orientiert ist und Rohstoffe und Energie verschwendet, unausweichlich. Diese Tendenz ist bereits im heutigen System angelegt, in dem gerade in dezentralen Bereichen Wachstumschancen gesehen werden. Nicht zufällig sehen die beiden Amerikaner Piore und Sabel die Ursache der Krise des amerikanischen Wirtschaftssystems darin, daß dezentrale sowie handwerkliche Traditionen fehlen, die in Europa und Japan noch bestehen. Mir erscheint zwingend, daß sich aus der Angebotsproduktion eine Nachfrageproduktion für langlebige Produkte entwickelt, die am individuellen Verbrauch orientiert ist. Dafür muß ein realer Preis gezahlt werden, der die Kosten für die Entsorgung enthält.

Eines der Hauptargumente gegen eine derartige, hier kurz umrissene Umgestaltung der Industriegesellschaft ist die internationale wirtschaftliche Verflechtung der Bundesrepublik – ein Argument, das auch gegen den Ausstieg aus der Kernenergie ins Feld geführt wird. Demnach hätten wir nur die Wahl, in kollektiver Unvernunft unterzugehen. Die angeblichen wirtschaftlichen Nachteile, die entstehen würden, beruhen jedoch auf falschen Berechnungen, da die Kosten für die Umweltschäden nicht mitgerechnet bzw. den nachfolgenden Generationen aufgebürdet werden, wie Lutz Wicke dargelegt hat.

> »Diese Schadenswerte sind also keineswegs ›abstrakte‹ ökonomische Größen, denen durch Aufsummierung und Vergleiche mit anderen volkswirtschaftlichen Positionen ein dramatisches Mäntelchen umgehängt werden soll. Es sind reale Schäden und damit eine unmittelbare Aufforderung zum umweltbewußten Handeln an die Politiker und an uns alle, denn weit über eine Billion Umweltschäden bis zur Jahrtausendwende sind nichts anderes als der

geldliche Ausdruck für das Maß der gegenwärtigen und zukünftigen Umweltzerstörung und damit der monetäre Ausdruck für die Bedrohung der Natur und unseres eigenen Lebens und des Lebens unserer Kinder und Kindeskinder«.[14]

Unsere Regierenden sind leider weit davon entfernt, die Krise in ihrem vollen Ausmaß zu sehen oder gar Auswege zu suchen. Durchhalteparolen sind angesagt. So wird man auch die Mahnungen der Klimaforscher überhören, die gerade wieder auf das »globale Experiment« hingewiesen haben, das die Industrieländer mit der Atmosphäre durchführen – obwohl die Zeit, die uns noch bleibt, um etwas zu verändern, unendlich kurz ist.

Rückbesinnung oder Untergang

Aus dem bisherigen Umgang des Menschen mit der Energie und aus der Entwicklungsgeschichte der Technik seit der Erfindung des Ackerbaus lassen sich zwei Schlußfolgerungen ziehen: 1. Der Mensch verließ mit der Entwicklung des Ackerbaus seine natürliche Umgebung und schuf sich durch seine permanente Seßhaftigkeit die Probleme, die ihn heute zu vernichten drohen. 2. Die Annahme, daß die technisch-naturwissenschaftliche Entwicklung aus Not und Mangel geboren wurde, ist falsch. Nur Überfluß schuf Entwicklung, Wachstum, Fortschritt, Umweltzerstörung und Untergang. Nicht Not und Mangel sind Antriebssysteme der Zivilisation, sondern Überfluß und Irrationalität.

Der Mensch stand von Anfang an vor folgendem Problem: Wenn er der Natur unterlag, hatte er verloren, wenn er sie besiegte, hatte er auch verloren. Also blieb ihm nur der Ausweg, sich mit seiner Umwelt zu arrangieren, mit der Natur im Einklang zu leben. Dies gelang jedoch nur einigen Menschenarten und Rassen, die entweder untergingen oder nur Nebenlinien der Entwicklungsgeschichte der Menschheit darstellen. So wurde z. B. der frühe Waldmensch vom Savannenbewohner abgelöst, weil dieser Menschentypus weitaus wendiger und anpassungsfähiger war. Er war im Grunde der Idealtypus des Sammlers und Jägers und trug zum Fortschritt der menschlichen Kultur wesentlich bei, vor allem in der Nutzung seiner natürlichen Umgebung. Mit dem Beginn der Ackerbaukultur trat in diesem Prozeß eine entscheidende Änderung ein: Durch die Entwicklung der Technik war der Mensch zu planendem Handeln gezwungen. Er mußte Geräte und Maschinen entwickeln, Zäune errichten, Häuser bauen, Wälder roden und seinen Besitz verteidigen. Das bedeutete, er mußte in seinem Gehirn eine Menge von Informationen verarbeiten, die die Kapazität des Gehirns übersteigt – das menschliche Gehirn kann maximal 16 Reize pro Sekunde geordnet verarbeiten –, und gleichzeitig die Realität entsprechend seinen Plänen formen. In seinen Vorstellungen, seinen Träumen und seinem Unbewußten kann der Mensch zwar unbegrenzt spielen, scheinbar riesige Informationsmengen und gedankliche Kombinationen beherrschen, sobald er aber beginnt, sie in die Realität umzusetzen, werden sie für ihn zwangsläufig unbeherrschbar. Kurzum, der Mensch wurde durch das vorausplanende Handeln zum Zerstörer.

Der Ursprung des planenden Handelns liegt in der Annahme einer Mangelsituation: Der Mensch ging davon aus, daß er eines Tages zu wenig Nahrung haben werde. Um diesem vermeintlichen prognostizierten Übel zu begegnen, mußte er Vorräte anlegen. Er mußte systematisch bestimmte Pflanzen züchten und griff damit zum ersten Mal, ohne die Folgen zu ahnen, in den natürlichen Kreislauf ein. Wir handeln heute in vergleichbarer Weise, indem wir einen Energiemangel prognostizieren und immer größere Kraftwerke, automatisierte Fabriken und Trabantenstädte errichten, Kabelfernsehen entwickeln, immer schnellere und größere Autos, Flugzeuge und andere Massenverkehrsmittel bauen.

Der erste Ackerbauer machte aus seinem Mangelwahn also einen Sinn und schuf sich den Ackerbau. Der Wahn – diese Mischung aus Rationalität (Planen) und Irrationalität (unbegründete Angst vor einer Mangelsituation) wurde Realität: Wahn-Sinn. Dieser irrationale Akt steht am Beginn unserer Zivilisation, der Entwicklung von Technik und Wissenschaft.

Die Entwicklung unserer Zivilisation bedeutet keinen kulturellen Fortschritt, denn die Sammler und Jäger hatten bereits Bilder, Gemälde, Plastiken, Mythen, Dichtungen und Erzählungen geschaffen. Sie waren friedliche, gesellige, flüchtige, harmonische, kunstfertige, handwerklich geschickte und mobile Menschen. Sie hatten eine Mobilität erreicht, die der des automobilen Menschen unserer Zeit weit voraus war. Durch das Jagen erschlossen sie sich eine ungeheuer abenteuerreiche Erlebniswelt, die ihnen eine Vielfalt unterschiedlichster Empfindungen – seelische und körperliche – vermittelte.

Während das Sammeln von Früchten von den frühen Menschen mit Sicherheit noch nicht als Arbeit in unserem heutigen Sinn angesehen wurde – denn es gibt, nach dem bisherigen Stand der Forschung, auf den Fels- und Höhlenbildern der Frühmenschen keine Abbildungen vom Sammeln –, bildet das Jagen die Grundform der Arbeit in Gruppen. Die Organisation der Jagdgesellschaft ist die bestorganisierte Form der Zusammenarbeit von Menschen. Die Mitglieder dieser Gesellschaften lebten überwiegend in kleinen Gruppen von ca. 25 Menschen und kannten keine Hierarchien. Um ihr Zusammenleben in dieser Form zu organisieren, benötigten sie ein hervorragendes System menschlicher Interaktion. Man kann sich dies heute am besten dadurch klarmachen, daß man sich vorstellt, Menschen der Industriegesellschaft müßten in Gruppen zu jeweils 25 Personen etwas gemeinsam machen, ohne daß es Führer, Häuptlinge oder Chefs gäbe – eine undenkbare Situation.

In dieser Fähigkeit der Sammler und Jäger, nicht hierarchisch sondern kommunikativ zu arbeiten, ist übrigens die Ursache für die frühzeitige Herausbildung des menschlichen Großhirns zu suchen.

Will man also in einer nicht hierarchisch strukturierten Gruppe von 25 Personen etwas gemeinsam tun, ohne daß es zu Diskussionen, Streitigkeiten, Verzögerungen oder gar zum endgültigen Bruch kommen soll, so setzt dies bei jedem einzelnen die Fähigkeit voraus, die unterschiedlichen Handlungsweisen der anderen zu kennen, einzuschätzen und seine eigene Handlung in die des anderen miteinzubeziehen. Die Jagd eines großen Tieres war für die frühen Menschen ein Stück Präzisionsarbeit, für die Befehlsstrukturen viel zu träge Reaktionen der ganzen Gruppe bedeutet hätten.

Über eine ähnliche Art von Teamarbeit ist mir noch von alten Mühlenbaumeistern berichtet worden. Die tonnenschweren Flügel einer Windmühle wurden früher nur mit Hilfe von Flaschenzügen und Muskelkraft montiert. Dazu war eine perfekt aufeinander eingespielte Gruppe erforderlich, in der für hierarchische Strukturen kein Platz war.

Der Mensch war also hunderttausende oder mehr als eine Million Jahre nach dem Verlassen der großen Wälder und dem Leben in der Savanne ein kommunikatives, tolerantes, kulturelles Wesen, das in dieser Zeit ein riesiges Potential an Fähigkeiten zum Überleben entwickelt hat. Seine Handlungsstrategie war wesentlich bedürfnisorientiert und von Sparsamkeit geprägt; er handelte nur, wenn es einen unmittelbaren Handlungszwang gab. Im übrigen war er nach unseren heutigen Maßstäben faul und pflegte den Müßiggang. Er träumte und philosophierte. Er lebte in seinen ›Wahnvorstellungen‹ und pflegte sie.

Der Unterschied zu den Menschen aus der Zeit des Ackerbaus und des Industriezeitalters ist offenkundig: Wir beschaffen uns grundsätzlich mehr Güter als wir brauchen. In allem, was wir tun, glauben wir, nur aus dem Überfluß heraus leben zu können. Obwohl wir den Zeitmesser, die Uhr, entwickelt haben, mangelt es uns immerzu an Zeit. Wir sind nicht faul, sondern fleißig. Wir denken nicht, wir arbeiten. Weder philosophieren wir, noch träumen wir. Wir leben nicht mehr in unserer harmlosen »Wahnwelt«, sondern in einer wahnsinnigen Welt – unserer Realität.

Dieser Umbau der menschlichen Gesellschaft und der natürlichen Umwelt fand in einer unvorstellbar kurzen Zeit statt. Noch vor rund 12 000 Jahren gab es nur Sammler und Jäger. Heute gibt es vielleicht noch einige 10 000 Sammler und Jäger, dagegen mehr als 4 Milliarden »Ackerbauern«. Für die zukünftige Entwicklung der Menschheit ist es deshalb besonders wichtig, über die Entstehung des Ackerbaus und deren Folgen genaue Kenntnisse zu gewinnen.

Die Forschungsberichte von Archäologen, Paläontologen und Anthropologen gehen übereinstimmend davon aus, daß die Erde zur Zeit der Entwicklung des Ackerbaus dünn besiedelt war, das Klima günstig, der Boden fruchtbar war und es keine ökologischen Krisen gab. Keiner dieser Forscher hat bisher eine vernünftige Begründung für die Entwicklung des Ackerbaus geliefert. Alle Begründungen werden aus unseren heutigen Kategorien zur Bewertung geschichtlicher Abläufe abgeleitet. Als Begründung werden Hunger, Not, Überbevölkerung, Unfruchtbarkeit des Bodens, Unterversorgung und Kälte angegeben, kurz: Mangel. Gleichzeitig wird aber deutlich, daß der Ackerbau in den ehemals fruchtbarsten Gebieten der Erde – im Euphrat- und Tigrisgebiet – entwickelt wurde.

All dies läßt nur den Schluß zu, daß der Schritt in die Ackerbaugesellschaft nicht rational motiviert war. Der Mensch wollte etwas Neues ausprobieren, er hatte sich etwas ausgedacht, er hatte einfach Lust, Ackerbau zu betreiben. Im Rahmen des neuzeitlichen Denkens haben wir uns daran gewöhnt, die zentralen Motive menschlichen Handelns ausschließlich im Bereich des Rationalen zu suchen: Wir messen und orientieren unser Handeln – auch im gesellschaftlichen Bereich – an naturwissenschaftlicher Gesetzmäßigkeit. Es ist uns unerträglich, anzuerkennen, daß Handlungsmotive auch schlicht irrational sein können. Dies wird um so schwieriger, wenn gerade eine solche historische Zäsur, wie die »neolithische Revolution« sie darstellt, sich nur auf einen irrationalen Akt zurückführen läßt. Deshalb wird es noch lange dauern, bis die Mehrheit der Natur- und Ingenieurwissenschaftler erkennt, daß gesellschaftliche Entwicklungen nicht nur rationalen, sondern auch irrationalen Ursprungs sein können.

Kurz, der Mensch transportierte mit der Entwicklung des Ackerbaus ein Stück seines Unbewußten in die Realität und schuf damit etwas, womit er nicht umgehen konnte. Von nun an eignete er sich die Naturprodukte anders an: Er entschied über Kraut und Unkraut, über Nutzpflanzen und deren Wachstumszeiten. Er setzte immer größere Teile des Bodens dem Witterungseinfluß und der Erosion aus. Gleichzeitig erwirtschaftete er einen Überschuß an bestimmten Gütern. Damit hatte er Tauschobjekte für andere Luxusgüter.

Für diese scheinbare neue Freiheit – nämlich zu planen, zu entscheiden, Vorräte und Besitz anzulegen – mußte der Mensch wesentliche Bereiche seines bisherigen Lebens aufgeben. Er mußte mehr und regelmäßiger arbeiten. Seine Mobilität tauschte er gegen die Seßhaftigkeit ein. Er war gezwungen, immer mehr Maschinen zu entwickeln, und gab dafür einen Teil seiner Kultur auf, weil er mehr Zeit als bisher für den Erwerb seines Lebensunterhalts aufbringen mußte und damit weniger Zeit für Muße und kulturelle Aktivitäten hatte. Als er diesen Mangel bemerkte, versuchte er, Zeit zu gewinnen. Um Zeit zu gewinnen, entwickelte er neue Maschinen. Er war »auf der Suche nach der verlorenen Zeit«.

Arbeit und Zeit wurden die bestimmenden Lebensinhalte des Menschen. Bis zu dieser Wende diente die Arbeit nur dem Lebensunterhalt und war integrierter Bestandteil des Lebens. Jetzt erforderte sie einen eigenen Tagesabschnitt, sie wurde festen Regeln und Zeiten unterworfen. Nichts belegt dies mehr als die noch heute übliche Gleichsetzung von Arbeiten und »Ackern«. Obwohl heute die Arbeitszeit eigentlich immer kürzer wird, bezeichnet der Mensch seine Arbeit mehr denn je als »Ackerei«. Der selbsterzeugte Zwang des »Ackerns« wurde für den Menschen zu einem selbsterrichteten Gefängnis, aus dem er sich nicht mehr befreien kann. Aus dieser selbst geschaffenen Abhängigkeit heraus entwickelte er Haß und Intoleranz gegen all jene, die nicht »ackerten«. Dieser Haß und diese Intoleranz steigerten sich zu Macht und Herrschaft über Mensch und Natur. Damit wollte der Mensch erreichen, daß andere für ihn arbeiteten, damit er endlich zu seinem ursprünglichen Dasein als Jäger und Sammler – als freier Mensch also – zurückkehren konnte.

Er wählte aber auch jetzt nicht den einfachen Weg, nämlich mit dem Wahnsinn aufzuhören, sondern zwang andere zum Arbeiten, um das Niveau seines Luxus beibehalten zu können. Die erste Stufe dieser Zwangsarbeit und Herrschaft erreichte er in der Gruppe und der Familie. Der Ackerbauer pflanzte sich stärker fort, nicht etwa weil er mehr Nahrung hatte, sondern um seinen wachsenden Bedarf an Arbeitskräften zu decken. Die billigsten Arbeitskräfte waren zunächst die Kinder.

Mit der Ackerbaukultur entsteht außerdem eine neue, geschlechtsspezifische Arbeitsteilung: Der Mann arbeitet draußen auf den Feldern und entwickelt die entsprechenden Maschinen. Die Frau arbeitet innerhalb des Hauses. Sie versorgt die Kinder und den Haushalt und ist zuständig für die ›Restkultur‹ – das Singen, Spielen und die Mythen.

Aber auch mit dieser Entwicklungsstufe gab sich der Mensch nicht zufrieden. Obwohl er nun die Familie unterworfen hat, schafft er sich weitere Abhängige: Er vertreibt entweder die verbliebenen Sammler und Jäger oder ruiniert ihre Lebensräume und macht sie zu Sklaven und Arbeitern. Nachdem er diese Stufe erreicht hatte, hätte er nun eigentlich aufhören können zu arbeiten. Aber nun wächst sein Besitz, er braucht Organisationsstrukturen. Er muß planen, organisieren, leiten. Mit dem Wachstum vergrößert sich auch der Überfluß, in dem er lebt. Mit diesem Überfluß wachsen die irrigen Vorstellungen, alles, was er nun erreicht habe, könne gefährdet sein; jemand könnte es ihm abjagen. Um dies schon im Ansatz zu verhindern, braucht er – zur Sicherung und Verteidigung seines Besitzes – immer größere Mittel.

Dies alles schafft neue Arbeit. Damit wächst der Gesamtumsatz an Arbeit, und plötzlich entdeckt der Mensch die Quelle seines Reichtums und seines Wohlstandes, nämlich das Wachstum. Er setzt nun das Wachstum seiner Arbeit mit dem Wachstum in der Natur gleich. Er leitet sein Wachstumsgesetz sogar aus der Natur ab – dort wächst ja auch alles. Aber eigentlich nur aus der Sicht eines Ackerbauern, denn für einen Jäger und Sammler gibt es kein Wachstum, sondern nur Beständigkeit, Variation und Kreisläufe. Der Jäger und Sammler hat das ganze Jahr über Früchte, nur immer andere. Sein Boden ist immer bedeckt und liegt nie brach. Für ihn gibt es weder Wachstum (Sommer) noch Stillstand (Winter), weder Anfang noch Ende, sondern nur den ewigen Kreislauf des Lebens.

Für den Jäger und Sammler gibt es auch keinen Tod in unserem Sinne, weil der Tod nur Teil dieses Kreislaufs ist.

Für den Ackerbauern gibt es nur das Ende, das Ziel, weil sein Leben auf einen permanenten Fortschritt ausgerichtet ist. Damit wird das Lebensziel des Ackerbauern der Tod, denn er weiß von Anfang an, daß er sein Ziel nicht erreichen wird, denn Fortschritt ist immer das, was noch nicht ist. Deshalb fürchtet er auch den Tod, weil der Tod sein Streben beendet und ihn vom Erreichen seines Zieles abhält. Weil er den Tod fürchtet, beherrscht dieser sein Leben. Der Genuß von Rauschmitteln und Suchtgefühle sind Ausdruck dieser permanenten Todesangst und zugleich der Versuch, sie zu betäuben. Im Laufe seiner zivilisatorischen Entwicklung entdeckte der Mensch folglich eine immer größere Zahl von Sucht- und Rauschmitteln. Er ertränkt seine Sinne in Luxusgütern, von denen die meisten nicht mehr seinem Leben dienen, sondern nur noch der Betäubung seiner Angst.

Die entscheidende Veränderung im Leben des Menschen der letzten

10 000 Jahre ist die Aufgabe der geistigen Dimension des Menschen zugunsten der materiell-physischen. Die Jäger und Sammler fanden die Erfüllung ihrer Wünsche und Vorstellungen nicht in riesigen Maschinen und Geräten, sondern in anschaulichen Gebilden, in Dichtungen, Erzählungen und Mythen. Die Menschen der Zivilisationszeit finden die Erfüllung ihres Lebens nur noch in abstrakten Konstruktionen. Um diese Konstruktionen zu realisieren, braucht der Mensch immer mehr Energie. Und dieses exponentielle Wachstum des Energieverbrauchs wird ihn unweigerlich in kürzester Zeit zerstören.

All dies läßt den Schluß zu, daß eine Veränderung unserer heutigen Zivilisation nur möglich ist, wenn wir wesentliche Elemente der Entwicklung der letzten 10 000 Jahre aufgeben. Das heißt, wir müssen von unseren Altvordern – den Sammlern und Jägern – lernen, Lebensmethoden zu entwickeln, die uns ein Leben mit der Natur und nicht gegen die Natur ermöglichen. Dies bedeutet, daß die Lösungsmodelle der Industrieländer für die Erhaltung der Menschheit nicht geeignet sind. Statt dessen finden wir Lösungsmodelle in den scheinbar unterentwickelten Gebieten der Erde, in der Sahelzone, in Teilen Asiens und Südamerikas.

Die Entwicklungshilfe müßte also eigentlich umgekehrt verlaufen: Wir müssen von den unterentwickelten Ländern denken und leben lernen. Das Überleben der Menschheit ist kein technisches Problem, sondern das eines Vergessens: Erst wenn wir uns wieder daran erinnern, daß die Erfüllung und die Genüsse des Lebens nicht im Konsum liegen, haben wir vielleicht eine Chance zu überleben.

Für eine Änderung bleibt uns nur wenig Zeit. Nach meinen Erkenntnissen weniger als 20 Jahre, eine unvorstellbar kurze Frist, wobei diese Einschätzung inzwischen von Experten in Ost und West geteilt wird. So erklärte kürzlich Valentin Falin, einer der engsten Berater von Gorbatschow, der Menschheit verblieben noch 10 Jahre, um mit der heutigen absurden Politik aufzuhören.

Die Eisberge für unseren Untergang liegen klar und deutlich vor uns. Gefordert ist der Ausstieg aus der »Fortschrittsgesellschaft« in eine Zukunft, die Rationalität und Irrationalität des menschlichen Denkens und Lebens wieder in ein Gleichgewicht bringt und uns zurückführt zu wirklich humanen Lebensstrategien.

Anmerkungen

1 Aus: G. Koch, *Materielle Kultur der Gilbert-Inseln,* Berlin 1965, S. 10

2 Aus: R: Gradmann, *Der Getreidebau im deutschen und römischen Altertum,* Hildesheim 1975, S. 110

3 Nach: J. Seymour und H. Girardet, *Fern vom Garten Eden,* Frankfurt/Main 1985, S. 93

4 Nach: K. Herrmann, *Pflügen, Säen, Ernten,* Reinbek 1985, S. 158

5 Aus: G. Orwell, »Kreativität und Lebensqualität«, in: *Tintenfaß,* Heft 1, Frankfurt/Main 1980, S. 49

6 Nach: C. Matschoss, *Geschichte der Dampfmaschine,* Hildesheim 1983, S. 4

7 M. Haas in: *Berichte der Gesellschaft von Freunden der Technischen Hochschule Berlin zu Charlottenburg e. V.,* Heft 2, Bd. 1, 1942, S. 72

8 Ebd.

9 Aus: A. Friedrich, *Die unsichtbare Armee. Das Buch der Energie,* Berlin 1942, S. 370

10 Aus: C. Matschoss, *50 Jahre Berliner Elektrizitätswerke. 1884–1934,* Berlin 1934, S. 56

11 Nach: »Junge Berliner Architekten«, in: *Deutsche Bauzeitung,* 102. Jahrgang, 1. 8. 1968, S. 611

12 Aus: ADAC (hrsg.), *Die Fläche, die Nutzung, der Plan,* Berlin 1984, S. 4

13 Aus: H. Haber, *Stirbt unser blauer Planet?,* Stuttgart 1973, S. 68

14 Aus: L. Wicke, *Die ökologischen Milliarden,* München 1986, S. 131

Literaturverzeichnis

ADAC Berlin (Hg.): *Die Fläche, die Nutzung, der Plan,* Berlin 1984

Agrarpolitik und Landwirtschaft, Zeitschrift für, 195. Sonderheft: *Agrarwirtschaft und Energie: Berichte über Landwirtschaft,* Hamburg 1979

Agricola, G.: *Vom Berg- und Hüttenwesen,* München 1977

Bach, W.: *Gefahr für unser Klima,* Karlsruhe 1982

Banniza, H.: *Urgeschichtliche Fundplätze in Haan* (Rheinland), Haan 1986

Bax, K.: *Schätze aus der Erde,* Düsseldorf 1981

Berichte der Gesellschaft von Freunden der Technischen Hochschule Berlin zu Charlottenburg e. V., Heft 2, Bd. 1, 1942

Blanckenburg, P. von: *Welternährung,* München 1986

Bodenschatz, H.: *Platz frei für das neue Berlin,* Fulda 1987

Böhme, H. u. G.: *Das Andere der Vernunft,* Frankfurt a. M. 1985

Boglar, L.: *Wahari, eine südamerikanische Urwaldkultur,* Hanau a. M. 1982

Borchardt, K.: *Handbuch der Kohlewirtschaft,* Berlin 1926

Braidwood, R. J., u. Howe, B.: *Prehistoric Investigations in Iraqi Kurdistan,* University of Chicago Press, Chicago 1960

Brandt, K.: »Zum 60. Entdeckungstag des Neandertalers von Le Moustier«, in: *Bremer Archäologische Blätter* Nr. 5, Bremen 1969

Braunbeck, W.: *Atomenergie in Gegenwart und Zukunft,* Stuttgart 1953

Brothwell, P. u. D. R.: *Manna und Hirse,* Mainz 1984

Bürgerinitiative Westtangente: Stadtautobahnbau – Ein Schwarzbuch zur Verkehrsplanung, Berlin 1976

Bundesministerium für Wirtschaft; Energiebericht der Bundesregierung, Bonn 1986

Cardwell, D. S. L.: *Turning Points in Western Technology,* New York 1972

Chevalier, Jean-Marie: *Energie, die geplante Krise,* Frankfurt a. M. 1976
Crombie, A. C.: *Von Augustinus bis Galilei,* München 1977
Czada, P.: *Wirtschaft,* Berlin 1984
Daten zur Umwelt, *Umweltbundesamt,* Berlin 1984
De Fodor, E.: *Elektrizität direkt aus Kohle,* Wien 1894
Dehne, G.: *Deutschlands Großkraftversorgung,* Berlin 1928
Descartes, R.: *Meditationes de prima philosophia. Meditationen über die erste Philosophie,* Stuttgart 1986
Deutsche Bauzeitung: Junge Berliner Architekten. 102. Jahrgang, 1. 8. 1968
Diesel, E.: *Wald und Mensch im technischen Zeitalter,* Berlin 1935
Dittfurth, H.: *So laßt uns denn ein Apfelbäumchen pflanzen,* Hamburg 1985
Eckermann, E.: *Vom Dampfwagen zum Auto,* 1981
Ehrlich, P. u. A.: *Der lautlose Tod,* Frankfurt a. M. 1983
Elias, N.: *Über den Prozeß der Zivilisation,* Bd. 1 und 2, Frankfurt a. M. 1976
Energie in der Geschichte, 11. Symposium of the International Cooperation in History of Technologie. Committee (ICOHTEC) 1 u. 2, Düsseldorf 1984
Erfinderverband Deutschland, *Räder der Zukunft,* Berlin 1986
»Fortschritt durch Rückbau«, in: *Stadtbauwelt* 86, Bauwelt 24. 76. Jahrgang 1985
Freund, R.: *Energieprobleme,* Berlin 1974
Friedrich, A.: *Die unsichtbare Armee. Das Buch der Energie,* Berlin 1942
Fukuoka, Mansanobu: *Der große Weg hat kein Tor,* München 1975
Gerwin, R. (Obert): *Die Weltenergieperspektive,* Stuttgart 1981
Giedion, S.: *Die Herrschaft der Mechanisierung,* Frankfurt a. M. 1982
Gimpel, J.: *Die industrielle Revolution des Mittelalters,* Zürich 1981
Global 2000. Der Bericht an den Präsidenten, Frankfurt a. M. 1980
Goldberg, H.: *Man(n) bleibt Mann,* Reinbek 1986
Gradmann, R.: *Der Getreidebau im deutschen und römischen Altertum,* Hildesheim 1975
Grupp, M. (Hg.): *Energiesucht,* Fellbach 1979
Haber, H.: *Stirbt unser blauer Planet?,* Stuttgart 1973
Hatzfeld, Hirsch, Kollert: *Der Gorleben-Report,* Frankfurt a. M. 1979

Hauff, V.: *Energiewende,* München 1986
Hausen, K./Rürup, R.: *Moderne Technikgeschichte,* Gütersloh 1975
Hauser, O.: *Urmensch und Wilder,* Berlin 1921
Helms, E.: *USA,* Hannover 1975
Hennicke, P./Johnson, J. P./Kohler, S./Seifried, D.: *Die Energiewende ist möglich,* Frankfurt a. M. 1985
Henseling, K. O.: *Bronze, Eisen, Stahl,* Reinbek 1981
Herrmann, K.: *Pflügen, Säen, Ernten,* Reinbek 1985
Herzberg, H./Riesenberg, H. J.: *Mühlen und Müller in Berlin,* Berlin 1987
Holzapfel, H./Traube, K./Ullrich, O.: *Autoverkehr 2000,* Karlsruhe 1985
Illich, I.: *Selbstbegrenzung,* Reinbek 1980
Die sogenannte Energiekrise, Reinbek 1974
Kernenergie in der Bundesrepublik Deutschland, Politik in Schaubildern Nr. 10. 1981
Jungk, R.: *Der Atom-Staat,* Reinbek 1979
Karweina, G.: *Der Strom-Staat,* Hamburg 1984
Koch, G.: *Materielle Kultur der Gilbert-Inseln,* Berlin 1965
Kreibich, R.: *Die Wissenschaftsgesellschaft,* Frankfurt a. M. 1986
Kükelhaus, H.: *Organismus und Technik,* Frankfurt a. M. 1984
Kükelhaus, H.: *Entfaltung der Sinne,* Frankfurt a. M. 1987
Leakey, R. L.: *Wie der Mensch zum Menschen wurde,* Hamburg 1985
Le Corbusier: *An die Studenten. Die ›Charte d'Athènes‹,* Reinbek 1962
Leonard, J. N.: *Die ersten Ackerbauern.* Time-Life-Book, o. O. 1974
Lindner, H.: *Strom,* Reinbek 1985
Lovins, A. B.: *Sanfte Energie,* Reinbek 1979
Lutz, R.: *Die sanfte Wende,* Berlin 1987
Matschoss, C.: *Geschichte der Dampfmaschine,* Hildesheim 1983
50 Jahre Berliner Elektrizitätswerke 1884–1934, Berlin 1934
Mausbach, H.: *Städtebau der Gegenwart,* Düsseldorf 1965
Meyer, E.: *Der neue Haushalt,* 1928
Meyer-Abich, K. M.: *Wege zum Frieden mit der Natur,* München 1986
Mitscherlich, A.: *Die Unwirtlichkeit unserer Städte,* Frankfurt a. M. 1970
Mollison, B./Holmgren, D.: *Permakultur,* Reinbek 1985
Mollison, B.: *Permakultur II,* Schaafheim 1979

Morin, E.: *Das Rätsel des Humanen,* München 1974
Müller, E. R.: *Unser Boden, der letzte Dreck,* Gümligen 1985
Müller-Beck, H., u. Albrecht, G.: *Die Anfänge der Kunst vor 3000 Jahren,* Stuttgart 1987
Müller, Reimar/Autorenkollektiv: *Kulturgeschichte der Antike. 1. Griechenland,* Berlin 1976
Museum für deutsche Volkskunde Berlin: *Das Bild vom Bauern,* Berlin 1978
Natzmer, G. V.: *Die Kulturen der Vorzeit,* Berlin 1955
Orwell, G.: »Kreativität und Lebensqualität«, in: *Tintenfaß,* 1. Heft, Frankfurt a. M. 1980
Paucke, H./Bauer, A.: *Umweltprobleme. Herausforderung der Menschheit,* Frankfurt a. M. 1980
Pausanias: *Beschreibung Griechenlands.* Bd. 1 u. 2, München 1979
Pfister, K.: *Die Etrusker,* München 1940
Piore, M. J./Sabel, C. F.: *Das Ende der Massenproduktion,* Berlin 1985
Plinius d. Ä.: *Historia Naturalis.* Eine Auswahl, Nördlingen 1987
Priebe, H.: *Die subventionierte Unvernunft,* Berlin 1985
Raabe, W.: *Stopfkuchen,* Reinbek 1966
Pfisters Mühle, Olten 1980
Ragon, M.: *Wo leben wir morgen?,* München 1967
Rieseberg, H. J.: »Verbrauchte Welt«, Serie in *Der Tagesspiegel* vom 30. 11. 86, 07. 12. 86, 14. 12. 86, 21. 12. 86, 28. 12. 86, 04. 01. 87, 11. 01. 87, 18. 01. 87, 25. 01. 87, 01. 02. 87
Rössner, H.: *Der ganze Mensch,* München 1986
Rousseau, J.-J.: *Gesellschaftsvertrag,* Stuttgart 1977
Rousseau, J.-J.: *Émile oder über die Erziehung,* Stuttgart 1983
Ruske, B./Teufel, O.: *Das sanfte Energiehandbuch,* Reinbek 1981
Sachs, W.: *Die Liebe zum Automobil,* Reinbek 1984
Schütt, P.: *Der Wald stirbt an Streß,* München 1984 und Berlin 1988
Schaefer, H.: *Folgen der Zivilisation,* Frankfurt a. M. 1974
Schäfer-Breede, Tebbe, Kassahn, Gürs: *Pro Fahrrad,* Wiesbaden und Berlin 1986
Schmidt, K.: *Erdgeschichte,* Berlin 1987
Schneider, S. H.: *Klima in Gefahr,* Frankfurt a. M. 1978
Schwarzbach, M.: *Das Klima der Vorzeit,* Stuttgart 1974
Schulz, E.: *Öffentliche Heizkraftwerke und Elektrizitätswirtschaft in Städten,* Berlin 1933
Settis, S. (Hg.): *Das Land der Etrusker,* Firenze 1985

Seymour, J./Girardet, H.: *Fern vom Garten Eden,* Frankfurt a. M. 1985
Sieferle, R. P.: *Der unterirdische Wald,* München 1982
Staatliches Museum für Naturheilkunde und Vorgeschichte Oldenburg (Hg): *Frühe Bauernkulturen in Niedersachsen,* Oldenburg 1983
Steinbuch, K.: *Technik und Gesellschaft im Jahre 2000,* München 1968
Strasser, J./Traube, K.: *Die Zukunft des Fortschritts,* Bonn 1981
Tempel, K. G.: *Kernenergie in der Bundesrepublik Deutschland,* Berlin 1981
Traube, K.: *Nach dem Super-Gau,* Reinbek 1986
Traube, K.: *Müssen wir umschalten?,* Reinbek 1978
Tornieporth, G.: *Fast Food,* Bad Heilbrunn 1985
Umweltatlas. Hrsg. vom Senator für Stadtentwicklung und Umweltschutz, Bereich Klima. Berlin 1985
»Umwelt und Energie: Nach dem Konsum«, in: *Stadtbauwelt* 81, *Bauwelt* 12, 75. Jahrgang 1984
»Überlegungen zur künftigen Entwicklung des Stromverbrauchs privater Haushalte in der Bundesrepublik Deutschland bis 1985«, Gutachten im Auftrag des *VDEW,* unveröffentlicht o. J. o. O. ca. 1975
Varchmin, J./Radkau, J.: *Kraft, Energie und Arbeit,* Reinbek 1981
Vester, V.: *Denken, Lernen, Vergessen,* Stuttgart 1987
Vester, F.: *Menschwärts,* Wien 1985
Volkswagenforschung. Ausgewählte Veröffentlichung 1985. Wolfsburg 1985 + 1986
White, Lynn: *Die mittelalterliche Technik und der Wandel der Gesellschaft,* München 1968
Wicke, L.: *Die ökologischen Milliarden,* München 1986
Wiethoff, B.: *China,* Hannover 1975
Wilber, K.: *Halbzeit der Evolution,* Bern 1981
Winter, R.: (Hrg.): *Die Lage des Waldes,* Hamburg 1984
»Wirtschaft«, in: *Politik in Schaubildern* Nr. 4, 1984
Wirtschaftsvereinigung Bergbau e. V.: *Das Bergbau-Handbuch,* Essen 1976

Claudia &
Reinold
Fischer

Wir wollen was tun

Heute arbeiten für eine lebenswerte Zukunft

Ullstein Buch 34172

Ullstein Sachbuch

Die Autoren stellen Organisationen, Vereine und Initiativen vor, deren Arbeit modellhaft Ansätze erkennen läßt, mit deren Hilfe das Leben innerhalb einer Industriegesellschaft unter ökologischen Gesichtspunkten bewältigt werden kann. Das Buch nennt Zahlen und Fakten wie Adressen, Mitgliederzahlen usw. Es informiert darüber, wie und wo jedermann mitarbeiten kann.

Herbert Gruhl

Überleben ist alles

Erinnerungen

Ullstein Buch 34662

Ullstein Sachbuch

»... Herbert Gruhl hat eine interessante und versöhnliche Autobiographie geschrieben, die schon deshalb zu lesen lohnt, weil da ein Mann mit Charakter und Einfühlungsvermögen wandelnde Ansichten und Einsichten präsentiert.
... Vielleicht wird uns erst in vielen Jahren klar sein, wie viele von Gruhls Warnungen vor der Ausbeutung und Zerstörung unseres Planeten berechtigt waren. Wenn es nicht zu spät ist. Überleben ist wirklich alles.«

(Die Welt)